Manfred Künzel, Krafterzeugung durch Sonnenenergie

Kälte – Wärme – Klima – Aktuell

Berichte aus den Fachbereichen Kälte, Wärme, Klima, Lüftung, Energie, Regelung, Gebäudeautomation, Schallschutz

Band 24

Krafterzeugung durch Sonnenenergie

von Manfred Künzel

CFM

Verlag C. F. Müller Karlsruhe

Bei der Erstellung des Manuskriptes haben freundlicherweise mitgewirkt: Ursula Schilling, Wolfgang Fischbach, Edwin Frühwirth, Joachim Ledwig, Wolfgang Hollenriegel, Hans-J. Dietrich und Rudolf Knierim. Dafür gilt ihnen besonderer Dank.

CIP-Kurztitelaufnahme der Deutschen Bibliothek

Künzel, Manfred
Krafterzeugung durch Sonnenenergie / von Manfred Künzel. –
Karlsruhe: Müller, 1978. –
(Kälte, Wärme, Klima aktuell; Bd. 24)
ISBN 3-7880-7104-4

ISBN 3-7880-7104-4

Gesamtherstellung:
C. F. Müller, Großdruckerei und Verlag GmbH, Karlsruhe

I N H A L T S V E R Z E I C H N I S

F O R M E L Z E I C H E N (A u s w a h l)

Um die Anzahl von verschiedenen Symbolen bei der Bezeichnung von Energie, Leistung, Arbeit oder strahlungsphysikalischen Größen zu reduzieren, verwende ich statt (E,W,Q,Φ,A,P,I...) in der DIN-Norm festgesetzten Symbolen nur W in Ws oder (J) und $\dot{W}$ in W. Durch Indizes erfolgt die weitere Spezifikation.

G R Ö S S E	SYMBOL	DIMENSION
Fläche	A	m^2
Absorptionsgrad (auch -koeffizient, -vermögen)	a	%
Gesamtabsorptionsgrad des Absorbers	a_A	%
der effektive Absorptionsgrad des Absorbers	a_{Ae}	%
Gebiet unter der Kurve der spektralen Verteilung der ausstrahlenden solaren Energie im Wellenlängenbereich von O bis λ	A_λ	W/m^2 (mW/cm^2)
spezifische Wärmekapazität bei konstantem Druck	c_p	kJ/kg K
Prozenzsatz der ausstrahlenden solaren Energie im gewissen Wellenlängenbereich	D_λ	%
Absorptionszahl	K	-
Masse	m	kg
Massenstrom	$\dot{m}$	kg/h
Anzahl (i)	m	-
Anzahl (j)	n	-
Brechungszahl	n	-
Druck	p	bar
Reflexionsgrad (auch -koeffizient, -vermögen)	r	%
Schichtdicke	s	m
Thermodynamische- (auch Kelvin-) -Temperatur	T	K
Temperatur	t	^oC
Transmissionsgrad (auch -koeffizient, -vermögen)	t	%
der gesamte spektrale Transmissionsgrad	t_λ	%

der partielle spektrale Transmissionsgrad (berücksichtigt nur die Strahlungsabsorption in transparenten Medien)	t_a	%
der partielle spektrale Transmissionsgrad	$t_{a\lambda}$	%
der partielle Transmissionsgrad (berücksichtigt nur die Reflexion)	t_r	%
der partielle sphärische Transmissionsgrad (er represäntiert die aus allen Richtungen kommende Strahlung) (auch diffus genannt)	t_d	%
der monochromatische Durchlässigkeitsfaktor, welcher der atmosphärischen Streuung zugeordnet wird (bedeutet Prozentsatz von)	$t_{At,\lambda}$	$((\%/100)\ \dot{w}_{SNO,\lambda})$
spezifisches Volumen	v	m^3/kg
Wärmemenge	W	J
Wärmestrom	$\dot{W}$	W
Wärmestromdichte (auch der spezifische Wärmestrom)	$\dot{w}$	W/m^2
Solarkonstante ($\dot{w}_{SNO} = 1353\ W/m^2$)	$\dot{w}_{SNO}$	W/m^2
die spezifische spektrale extraterrestrische solare Bestrahlungsstärke	$\dot{w}_{SNO,\lambda}$	W/m^3 ($W/cm^2\ \mu m$)
die spezifische solare Bestrahlungsstärke	$\dot{w}_{SN}$	W/m^2
spezifische solare Wärmestromdichte (spezifische Sonnenausstrahlung)	$\dot{w}_{SN,1}$	W/m^2
Wellenlänge	λ	m (µm)
Stefan-Boltzmannsche Konstante ($\sigma = 5{,}663.10^{-8}$)	σ	$W/m^2\ K^4$
Einfalls- bzw. Brechungswinkel	$\Theta_{1,2}$	°

I N D I Z E S :

Indizes für Prozesse:

1	Prozeßanfang
2,3,..	in Prozeßrichtung folgende Zustände
K	Exponent der adiabatischen Kompression

Indizes für die Strahlung:

1	Strahler
2	Strahlungsempfänger

S o n s t i g e   I n d i z e s :

∞	unendlich	Δ	Differenz
SN	solar, Sonne	S	direkte Sonnenstrahlung
g	gesamt, global		
d	diffus	λ	spektral
S	"Schwarzer Körper"	T	total
E	Erde	ab	abführen
e	effektiv	zu	zuführen

E I N L E I T U N G

Eine wesentliche Voraussetzung zur Sicherung unseres Lebensstandartes und der Weiterentwicklung der Wirtschaft ist die Verfügbarkeit über gesellschaftlich nutzbare Energie. Die Vorräte der bisher hauptsächlich genutzten fossilen Energieträger sind jedoch leider begrenzt (siehe Tabellen I, II, III im Anhang). Bereits heute ist es eine Hauptaufgabe von Wissenschaft und Politik, alternative Energiequellen für die Zukunft zu erschließen.

Als Folge der Ölkrise von 1973 rückte das Energieproblem erstmals verstärkt in das Bewußtsein aller Betroffenen. Der Energiebedarf ist vor allem durch einen sehr hohen Wärmeanteil gekennzeichnet, wie sich in folgender Struktur des Energiebedarfs zeigt: 40 % des primären Energiebedarfs werden als Raumwärme genutzt, 36 % als Prozeßwärme und 24 % stehen als Licht und Kraft zur Verfügung. Die Entwicklungsvorhaben müssen sich an dieser Bedarfsstruktur mit einem hohen Anteil an Niedrig-Temperatur-Wärme orientieren. Es sollte keine Zeit verloren werden, denn Grundlagenforschung, technische Entwicklung und Markteinführung prinzipiell neuer Energietechnologien benötigen Jahrzehnte.

Die Nutzung der Sonnenenergie ist eine Chance, unsere Energieversorgung - hierbei besonders die mit Niedertemperaturwärme - umweltfreundlicher und unabhängiger von Rohstoffen zu machen. Allerdings muß man von übertriebenen Erwartungen warnen, da in der Bundesrepublik eine besonders leistungsfähige und damit teure Technik entgegensteht, die wegen unserer geographischen Lage notwendig ist.

Dieses Problem entfällt in Ländern mit höherer Sonneneinstrahlung. Gerade zahlreiche multinationale Konzerne im Bereich der Öllieferung stecken bereits einen hohen Anteil ihrer Aufwendungen für die Forschung in den zukunftsweisenden Sektor der Solarforschung.

1.0 BESCHREIBUNG DER AUFGABE

Diese Studie gibt einen Überblick über das Spektrum der Solarkraftwerke und darüber hinaus beschäftigt sie sich mit der neuen Kombination: Stirling-Motor mit fokusierender Parabel. Aus den gewonnenen Erkenntnissen wird schließlich ein kleines Solarkraftwerk konzipiert.

In größerem Umfang wurden bisher bei der Nutzung der Sonnenenergie nur Kolbenmaschinen, Turbinen und Schraubenmotoren in Verbindung mit Flachkollektoren verwendet. Der große Nachteil dieser Systeme ist ihr schlechter Wirkungsgrad, da die Temperaturen lediglich bis zu 100 °C betragen und als Arbeitsmittel für den Kreisprozeß Frigen oder Freon benutzt werden müssen. Erst seit konzentrierende und fokussierende Solarkollektoren preiswert produziert werden können, eröffnen sich neue Möglichkeiten mit höherem Temperaturniveau und damit mit höherem Wirkungsgrad zu arbeiten. Dabei bietet sich neben überhitztem Dampf als Energieträger Heißluft an, die billig und technisch unproblematisch ist. Von den bekannten Heißluft-Arbeitsmaschinen hat die größte Bedeutung der Stirlingmotor; er konnte sich aber, solange die Lufterhitzung durch konventionelle Treibstoffe erfolgen mußte, nicht gegen den Explosionsmotor durchsetzen.

Dieses Buch zeigt die bisherige Entwicklung der Heißluftmotoren und speziell die des Stirlingmotors, für den Verbesserungs- und Anwendungsmöglichkeiten beschrieben werden. Neben einer Sammlung aller bisher diskutierten oder erprobten Motoren, werden deren Einsatzmöglichkeiten in Verbindung mit der Solartechnik untersucht.

2.0 WÄRMETECHNISCHE FRAGEN BEI DER HEISSLUFTMASCHINE

Bei der Umwandlung von Wärme in mechanische Arbeit läßt es sich durch Anwendung eines Kreisprozesses erreichen, daß sich das Arbeitsmedium nach Ablauf eines Arbeitsspiels wieder in seinem Ausgangszustand befindet, so daß ein neues Spiel gleicher Art beginnen kann. Würde man zwei gleichartige Zustandsänderungen, z.B. isotherme Kompression mit anschließender isothermer Expansion hintereinanderschalten, so würde bei der gesamten Expansion die zuzuführender Wärmemenge in mechanische Arbeit umgewandelt werden. Umgekehrt würde bei der Kompression die gesamte zugeführte mechanische Arbeit in Form von Wärme wieder abgeführt werden müssen. Führt man aber das Arbeitsmedium nach einer Zustandsänderung auf einem anderen Wege wieder in den Ausgangszustand zurück, also nach einem Kreisprozeß, so wird Arbeit gewonnen.

3.0 K R E I S P R O Z E S S E   A L L G E M E I N

3.1 CARNOT-PROZESS

Der von Sadi Carnot 1824 vorgeschlagene Kreisprozeß, bestehend aus isothermer Expansion, adiabatischer Expansion, isothermer Kompression und adiabatischer Kompression, liefert unter allen möglichen Kreisprozessen zwischen zwei bestimmten Adiabaten und zwei bestimmten Isothermen den höchsten Wirkungsgrad. Die technische Anwendbarkeit des Prozesses oder eines ihm ähnlichen von ähnlich gutem Wirkungsgrad stößt aber auf verschiedene Schwierigkeiten, die zum Teil unüberwindlich sind. Es ist z.B. nicht möglich, den Prozeß in einem einzigen Zylinder sich abspielen zu lassen, in welchem dann so wesensverschiedene Vorgänge wie eine isotherme und eine adiabatische Expansion bzw. Kompression sich rasch hintereinander verwirklichen lassen müßten. Beim Carnot-Prozeß wird nur bei den beiden isothermen Vorgängen Wärme umgesetzt. Die adiabatischen Vorgänge finden ja unter Wärmeabschluß statt. Der Wirkungsgrad des Carnot-Prozesses hängt nur von der (absoluten) Temperatur des kälteren und des wärmeren Wärmespeichers ab.Er ist:

$$\eta = \frac{T - T_o}{T} = 1 - \frac{T_o}{T} \qquad (3.1)$$

Gelingt es also, einen Prozeß dieser Art zwischen möglichst großen Temperaturunterschieden laufen zu lassen, so hat er den höchstmöglichen thermischen Wirkungsgrad.

Für die Heißluftmaschine, die für eine gedachte praktische Anwendung des Carnot-Prozesses in Frage käme, liegt die untere Temperaturgrenze bereits dadurch fest, daß übliche Kühlwassertemperaturen, 15 °C = 288 K, nicht unterschritten werden können. Es liegt aber auch die obere Grenztemperatur fest, und zwar gleich aus zwei Gründen:

. Einmal ist diese Grenze durch das Material der Maschine gegeben. Der Werkstoff, wie er den Motorenbauern um die Mitte des 19. Jahrhunderts zur Verfügung stand, vertrug hohe Temperaturen nicht oder nur kurzfristig.

. Für das Schmiermittel gilt das gleiche, besonders bei Heißluftmaschinen,da man es dort mit trockener Hitze zu tun hatte, während Dampf ja gewisse Selbstschmiereigenschaften besitzt.

Dem Verbrennungsmotor gegenüber ist die Heißluftmaschine dadurch im Nachteil, daß sie als "Motor mit äußerer Verbrennung" durch ein Metallgefäß hindurch, nämlich den Feuertopf, angeheizt werden muß. Die Dauertemperatur dieses Feuertopfes muß höher sein als die Gastemperatur, damit ein Wärmefluß im gewünschten Sinne, d.h. vom Ofen her ins Innere der Maschine hinein stattfindet. Je größer der Temperaturunterschied zwischen Feuertopf und angestrebter Temperatur der Ladung ist, desto schneller geht der Wärmeübergang vonstatten. Die zulässigen Temperaturen für gußeiserne Feuertöpfe waren aber höchstens mit 650 °C anzusetzen, und auch hierbei mußte mit häufigem Ausfall dieses schwächsten Teiles der Heißluftmaschine gerechnet werden. Eine Verbesserung wurde von der Berlin-Anhaltischen Maschinenbau-Aktiengesellschaft für die Lehmann'sche Heißluftmaschine durch die Anwendung von Feuertöpfen aus Gußstahl eingeführt. Beim Motor mit innerer Verbrennung (z. B. Ottomotor) wird eine sehr hohe Verbrennungstemperatur im Inneren des Zylinders selbst erzeugt. Die Einwirkung der hohen Temperatur dauert aber nur ganz kurze Zeit an, so daß sich eine Einwirkung auf die Zylinderwände wenig bemerkbar macht. Hinzu kommt, daß die Zylinderwände gekühlt sind. Die mit Rücksicht auf die Wandtemperatur des Zylinders bzw. Feuertopfes zulässige Temperatur der Ladung wird aus diesen Gründen beim Heißluftmotor wesentlich geringer sein als beim Verbrennungsmotor. Auch der anwendbare Druck verhindert die Anwendung eines dem Carnot-Prozesses ähnlichen Prozesses bei der Heißluftmaschine des 19. Jahrhunderts. Erweitert man die Temperaturgrenzen, so ergeben sich, da der niedrigste Druck bei einer Heißluftmaschine gewöhnlich durch die Atmosphäre gegeben ist, hohe Enddrücke. Würde man den Carnot-Prozeß in einer Heißluftmaschine ausführen, bei Temperaturgrenzen $T_2 = 288$ bis $T_1 = 623$ K, so ergäbe sich ein Druckverhältnis von 14,2 dessen Beherrschung damals konstruktiv große Schwierigkeiten verursacht hätte.

Bei kleinerem Druckverhältnis würde der Prozeß keine positive Arbeit mehr liefern. Bei einer Heißluftmaschine nach dem Carnot-Prozeß müßte bei der isothermen Expansion an der oberen Temperaturgrenze Wärme zugeführt werden. Der zweite Teil des Prozesses, die adiabatische Expansion, würde kaum realisiert werden können, weil ja durch die heißen Zylinderwände dauernd weiter Wärme zugeführt würde. Man müßte schon Teile des Prozesses in andere Räume verlegen, z.B. durch überschieben der Luft mittels Verdränger vom heißen in den kalten Teil des Zylinders. Auch die Zwischenschaltung eines Wärmespeichers (Regenerator), der von der expandierten Luft Wärme aufnimmt und diese an die komprimierte Luft wieder abgibt, wäre von günstigem Einfluß auf den Wirkungsgrad.

Der Carnot-Prozeß war also beim Heißluftmotor, wie zu erwarten, nicht ausführbar. Er war aus folgendem Grunde im übrigen nicht einmal wünschenswert: bei ihm ist im p-v-Diagramm die Arbeitsfläche zwischen den zwei Isothermen und Adiabaten so klein, daß der Motor eine im Verhältnis zu seiner Größe sehr kleine Leistung, also einen sehr geringen mittleren Druck erzeugen würde. Bei den zahlreichen verschiedenen Versuchen und Vorschlägen für andere Heißluftmaschinenprozesse sind nicht immer die theoretischen Überlegungen auch unter Zugrundelegung praktisch möglicher Ausführungen bei Heißluftmaschinen vorgenommen worden. Vielfach sind die wärmetechnisch beachtenswerten Vorschläge an der Wirklichkeit vorbeigegangen indem z.B. angenommen wurde, der ganze Prozeß könne sich in einund demselben Raum abspielen. In anderen Fällen wieder hat man sich mit der Bestimmung der Arbeit aus dem Indikatordiagramm begnügt, ohne die Frage nach den zuzuführenden bzw. abzuführenden Wärmemengen zu stellen.

3.2 JOULE-PROZESS

Ein Heißluftmaschinenprozeß zwischen zwei Adiabaten mit isobarer Wärmezufuhr nach der Kompression und isobarer Wärmeabfuhr nach der adiabatischen Expansion in einem Kühler (bzw. Ansaugen neuer kalter Luft aus der Atmosphäre durch einen Kompressor und Ausstoßen der expandierten Ladung) wurde zuerst von dem Engländer J.P. Joule (1818 bis 1889) vorgeschlagen.

Die Arbeit dieses Prozesses hängt von der Differenz der umgesetzten Wärmemengen ab.

$$W = W_{zu} - W_{ab} = m \cdot c_p \cdot (T_3 - T_2) \cdot \left(1 - \frac{T_4 - T_1}{T_3 - T_2}\right) \qquad (3.2)$$

Der thermische Wirkungsgrad ist abhängig von der Temperaturerhöhung bzw. Druckerhöhung bei der Kompression

$$\eta = 1 - \frac{T_1}{T_2} \qquad (3.3)$$

Bei dem vorgenannten Joule-Prozeß wird, also nur in der Feuerung der Heißluftmaschine und im Kühler Wärme ausgetauscht. Als Beispiel soll für 1 kg Luft unter damals möglichen Bedingungen der Mitteldruck und der Wirkungsgrad des theoretischen, d.h. des verlustlosen Prozesses berechnet werden.

Die vorgegebenen Grenzen sind T_1 = 288 K (bei normalen Kühlverhältnissen zu erreichen); T_3 = 600 K (aus Angaben in der

Literatur mit Sicherheit damals technisch beherrschbare obere Temperaturgrenze); $p_1 = 1{,}0$ bar; $p_2 = 2{,}8$ bar (gewählt nach den von verschiedenen Herstellern angegebenen bzw. bei Versuchen ermittelten Werten).

Aus

$$p_1 \cdot v_1 = R \cdot T_1$$

wird

$$v_1 = \frac{R \cdot T_1}{p_1} = \frac{287{,}2 . 288}{1 . 10^5} = 0{,}845 \quad m^3/kg$$

$$\frac{m^3}{kg} = \frac{Nm \,.\, K \,.\, m^2}{kg \,.\, K \,.\, N}$$

Nach der adiabatischen Kompression auf 2,8 bar ergibt sich, da $p \,.\, v^k = \text{konst} = p_1 \,.\, v_1{}^k = p_2 \,.\, v_2{}^k$, das Endvolumen zu:

$$v_2 = \left(\frac{p_1}{p_2}\right)^{\frac{1}{k}} \cdot v_1 = \left(\frac{1{,}0}{2{,}8}\right)^{\frac{1}{1{,}41}} . 0{,}845 = 0{,}405 \ m^3/kg$$

Die Kompressions-Endtemperatur beträgt:

$$T_2 = T_1 \cdot \left(\frac{p_2}{p_1}\right)^{\frac{k-1}{k}} = 288 \,.\, 2{,}8^{\frac{0{,}41}{1{,}41}} = 385 \quad K$$

Beim Druck $p_2 = 2{,}8$ bar wird dann isobar Wärme zugeführt, und zwar bis die gewählte Grenztemperatur von 600 K (327 °C) erreicht ist. Das Volumen errechnet sich dabei zu

$$v_3 = \frac{R \cdot T_3}{p_3} = \frac{287{,}2 \,.\, 600}{2{,}8 \,.\, 10^5} = 0{,}63 \quad m^3/kg$$

Es folgt adiabatische Expansion zum Enddruck $p_4 = p_1$. Dabei vergrößert sich das Volumen bis auf

$$v_4 = (\frac{p_3}{p_4})^{\frac{1}{k}} \cdot v_3 = 2,8^{0,71} \cdot 0,63 = 2,075 \cdot 0,63 =$$

$$= 1,32 \quad m^3/kg$$

Die Temperatur der am Prozeß beteiligten Luft sinkt dabei auf

$$T_4 = \frac{v_4 \cdot p_4}{R} = \frac{1,32 \cdot 1 \cdot 10^5}{287,2} = 450 \quad K$$

Zum Abschluß des Kreislaufes wird isobar Wärme abgeführt. Dabei sinkt die Temperatur weiter auf den Ausgangswert von 288 K.

Die Arbeit des Prozesses, also wie oben gesagt: die Differenz der zu- und abgeführten Wärmemengen, errechnet sich wie folgt:
Zugeführte Wärmemenge (siehe Bild 3.1):

$$W_{zu} = m \cdot c_p \cdot (T_3 - T_2)$$

$$= 0,241 \cdot 4,186 \cdot (600 - 385) = 216,9 \text{ kJ/kg}$$

Abgeführte Wärmemenge:

$$W_{ab} = m \cdot c_p \cdot (T_4 - T_1)$$

$$= 0,241 \cdot 4,186 \cdot (450 - 288) = 163,3 \quad \text{kJ/kg}$$

Die Arbeit des Prozesses wird:

$$W = W_{zu} - W_{ab}$$

$W = 216,9 - 163,3 = 53,6 \ kJ/kg = 53\,600 \ Nm/kg$

Aus diesem Diagramm (siehe Bild 3.1) kann ein mittlerer Druck von 0,61 bar abgelesen werden.

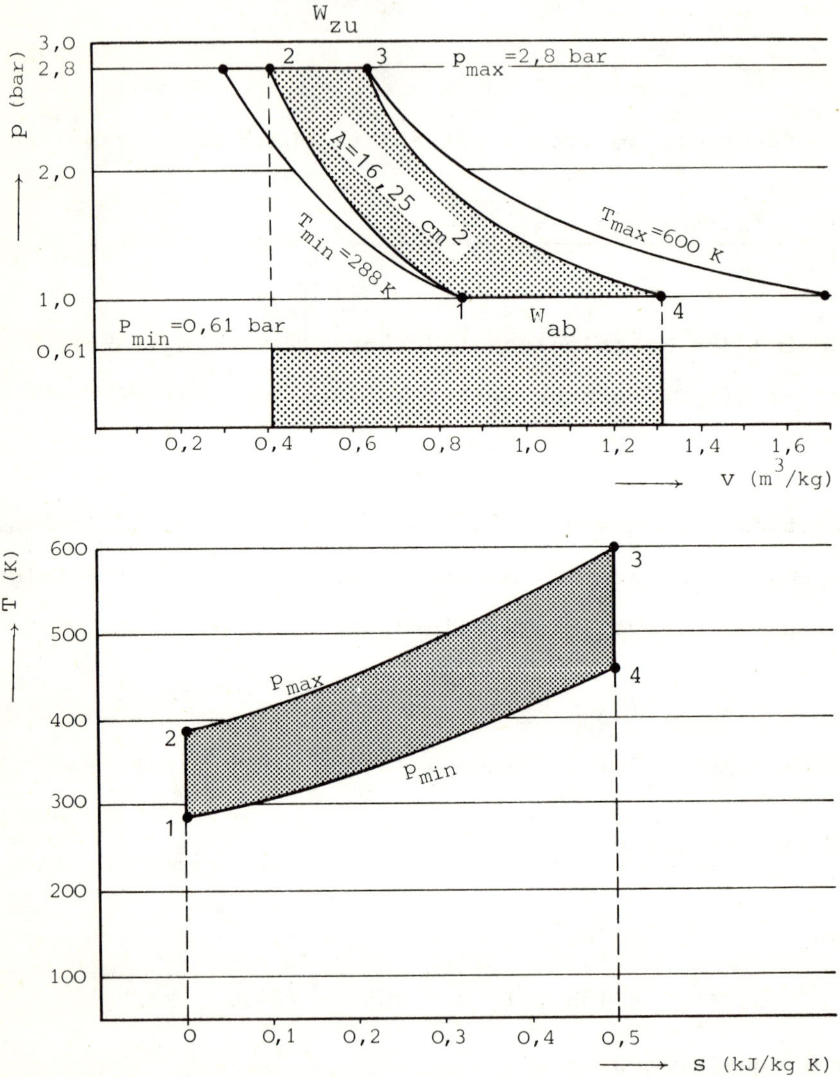

Abb.3.1: Idealprozeß einer Heißluftmaschine nach Joule

3.3 ERICSSON-PROZESS

Im Gegensatz zum Joule-Prozeß findet beim Ericsson-Prozeß, der zwischen zwei Isothermen und zwei Isobaren verläuft, stets Zu- und Abfuhr von Wärme statt. Der Grundgedanke ist hier, die der im Arbeitszylinder isotherm expandierten Luft anschließend im Kühler entzogene Wärme voll der im Kompressor isotherm komprimierten neuen Ladung wieder zuzuführen. Die Erwärmung der kalten komprimierten Luft soll im Gegenstrom durch die heiße expandierte Luft erfolgen. Der Wärmetauscher, in dem dies stattfindet, ist der Regenerator, den Ericsson aber selbst bei seinen späteren erfolgreichen Konstruktionen nicht mehr verwendet hat.

Im thermischen Wirkungsgrad entspricht der Ericsson-Prozeß dem Carnot-Prozeß.

$$\eta = \frac{T_3 - T_1}{T_3} = 1 - \frac{T_1}{T_3} \qquad (3.4)$$

Das bedeutet also umso höheren Wirkungsgrad je größer die Temperaturunterschiede im Regenerator sind. Die bei dem Prozeß gewonnene Arbeit entspricht der Differenz der im Arbeitszylinder bei der Expansion von der Feuerung zugeführten und der im Kompressor bei der Kompression abgeführten Wärmemenge.

$$W = m \cdot R\,(T_3 - T_1)\ \ln \frac{p}{p_o} \qquad (3.5)$$

Das Zahlenbeispiel für 1 kg Luft ergibt beim Ericsson-Prozeß folgende Werte: gegebene Grenzen wieder $T_1 = 288$ K, $T_3 = 600$ K, $p_1 = 1{,}0$ bar, $p_2 = 2{,}8$ bar.

Das Ausgangsvolumen ist:

$$v_1 = \frac{R \cdot T_1}{p_1} = \frac{287{,}2 \cdot 288}{1{,}0 \cdot 10^5} = 0{,}845 \quad m^3/kg$$

Nach der isothermen Kompression, für die p . v = konst. gilt, auf 2,8 bar hat sich das Volumen auf:

$$v_2 = \frac{p_1 \cdot v_1}{p_2} = \frac{1{,}0 \cdot 0{,}845}{2{,}8} = 0{,}301 \quad m^3/kg$$

verringert.

Es wird nun bei konstantem Druck Wärme zugeführt. Das Volumen beträgt:

$$v_3 = \frac{R \cdot T_3}{p_3} = \frac{287{,}2 \cdot 600}{2{,}8 \cdot 10^5} = 0{,}63 \quad m^3/kg$$

Die nachfolgende isotherme Expansion bei der Temperatur $T_3 = T_4 = 600$ K bis auf den Ausgangsdruck ergibt ein Volumen von :

$$v_4 = \frac{p_= \cdot v_3}{p_4} = \frac{2{,}8 \cdot 0{,}63}{1{,}0} = 1{,}76 \quad m^3/kg$$

Isobare Wärmeabfuhr läßt das Volumen und die Temperatur wieder auf den Ausgangswert kommen.

Bei allen vier Stufen des Ericsson-Prozesses wird Wärme umgesetzt. Die isobare Wärmezufuhr $W_{23} = m \cdot c_p \cdot (T_3 - T_2)$ und die Wärmeabfuhr in den Kühler $W_{41} = m \cdot c_p \cdot (T_4 - T_1)$ sind gleich groß, da $T_2 = T_1$ und $T_4 = T_3$. In der Annahme, daß ein vollkommener Wärmetauscher (Gegenstrom) vorhanden ist, heben sich die beiden Werte auf. Zu berücksichtigen ist also nur der Umsatz bei den beiden isothermen Vorgängen.

Zugeführt wird:

$$W_{zu} = m \cdot R \cdot T_3 \cdot \ln\frac{p_3}{p_4} = 287{,}2 \cdot 600 \cdot 1{,}0296 =$$
$$= 177{,}42 \text{ kNm/kg}$$

Abgeführt wird:

$$W_{ab} = m \cdot R \cdot T_1 \cdot \ln\frac{p_2}{p_1} = 287{,}2 \cdot 288 \cdot 1{,}0296 =$$
$$= 85{,}162 \text{ kNm/kg}$$

Die Arbeit ist gleich der Differenz der zu- und abgeführten Wärmemengen.

$$W = W_{zu} - W_{ab} = 177{,}42 - 85{,}162 = 92{,}26 \text{ kNm/kg}$$

Der Wirkungsgrad errechnet sich:

$$\eta = 1 - \frac{T_1}{T_3} = 1 - \frac{288}{600} = 0{,}52 = 52\ \%$$

Aus dem Diagramm (siehe Bild 3.2) kann ein mittlerer indizierter Druck von 0,65 bar abgelesen werden.

Die Schwierigkeiten bei der praktischen Durchführung des Ericssons-Prozesses liegen darin, daß es keinen vollkommenen Regenerator geben kann und daß isothermische Zustandsänderungen nur unter großen Aufwand annähernd zu erreichen sind L (3).

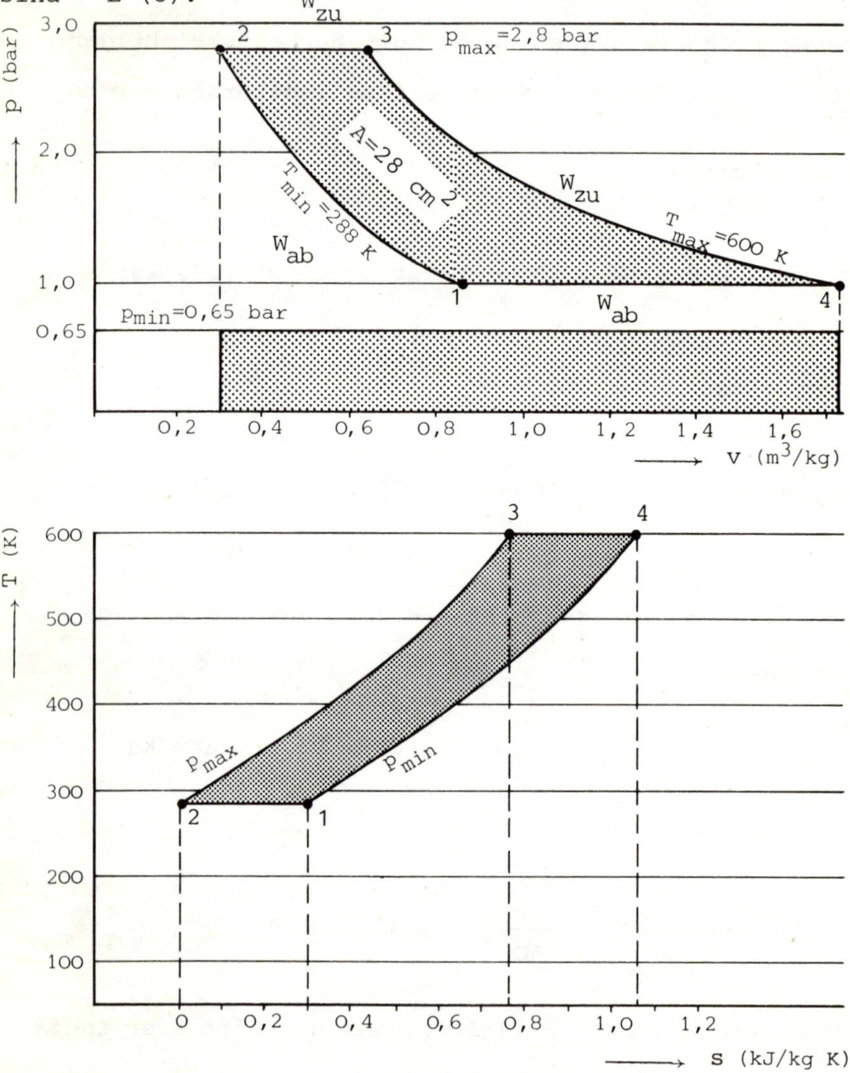

Abb. 3.2: Idealprozeß einer Heißluftmaschine nach Ericsson

3.4 STIRLING-PROZESS

Ausführliche Beschreibungen theoretischer und ausgeführter Heißluftmaschinenprozesse bringt L(4). Besonders bemerkenswert unter den Prozessen, die dort beschrieben werden, ist der Stirling-Prozeß, weil er den in jüngster Zeit in Holland (seit 1938, sowie in den USA seit etwa 1960) ausgeführten Maschinen (auf die in Kapitel 6.0 näher eingegangen wird) zugrunde liegt.

Er ist dem Ericsson-Prozeß ähnlich, indem er zwischen zwei Isothermen abläuft. Der isothermischen Kompression (dabei Wärmeabgabe an das Kühlmedium) folgt, ähnlich wie beim Otto-Prozeß, isochore Wärmezufuhr (durch die im Regenerator gespeicherte Wärmemenge), wodurch sich auch der Druck erhöht. Dann folgt isotherme Expansion unter Wärmeaufnahme durch die Zylinderwand (von der Feuerung her) und zum Schluß isochore Expansion auf den Ausgangsdruck unter Wärmeabgabe an den Regenerator bis zur Ausgangstemperatur L (5). Mechanische Arbeit wird nur bei den beiden isothermen Vorgängen umgesetzt, der Expansion bei hoher und der Kompression bei niedriger Temperatur. Die Expansionsarbeit ist größer als die Kompressionsarbeit, der Überschuß ist der Gewinn aus dem Prozeß. Stirling legte die beiden Regeneratoren seiner Anordnung in die Verdrängerkolben und schob ein konstantes Luftvolumen durch die Kolben hindurch in die kalte bzw. heiße Zone.

Für das Zahlenbeispiel sind wieder angenommen: $T_1 = 288$ K, $T_3 = 600$ K, $p_1 = 1{,}0$ bar, $p_3 = 2{,}8$ bar.

$$v_1 = v_4 = \frac{R \cdot T_1}{p_1} = \frac{287{,}2 \cdot 288}{1{,}0 \cdot 10^5} = 0{,}845 \quad m^3/kg$$

Der Kompressionsdruck der isothermen Kompression kann nicht direkt berechnet werden. Da jedoch $v_2 = v_3$ ist, ergibt sich:

$$v_3 = \frac{R \cdot T_3}{p_3} = \frac{287{,}2 \cdot 600}{2{,}8 \cdot 10^5} = 0{,}63 \quad m^3/kg$$

Somit beträgt der Kompressionsdruck:

$$p_2 = \frac{R \cdot T_2}{v_2} = \frac{287{,}2 \cdot 288}{0{,}63} = 134 \quad kN/m^2 = 1{,}34 \quad bar$$

Von p_2 nach p_3 wird isochor Wärme zugeführt, bis Enddruck und Endtemperatur erreicht sind. Die anschließende isotherme Expansion wird bis zum Druck $p_4 = R \cdot T_4/v_4$ geführt.

Da $v_4 = v_1$, ergibt sich ein Enddruck von :

$$p_4 = \frac{287{,}2 \cdot 600}{0{,}845} = 208 \quad kN/m^2 = 2{,}08 \quad bar$$

Die zugeführten Wärmemengen betragen :

bei der isochoren Wärmezufuhr:

$$W_{23} = m.c_v \cdot (T_3 - T_2)$$

bei der isochoren Wärmeabfuhr:

$$W_{41} = m \cdot c_v \cdot (T_4 - T_1)$$

Da $T_1 = T_2$ und $T_3 = T_4$, sind die Wärmemengen gleich. Sie heben sich auf, da das Vorhandensein eines vollkommenen Regenerators angenommen wird. Der Umsatz der beiden isothermen Arbeitstakte beträgt:

$$W_{zu} = m \cdot R \cdot T_3 \cdot \ln \frac{p_3}{p_4} = 287{,}2 \cdot 600 \cdot 0{,}2973 =$$
$$= 51{,}23 \quad \text{kNm/kg}$$

$$W_{ab} = m \cdot R \cdot T_1 \cdot \ln \frac{p_2}{p_1} = 287{,}2 \cdot 288 \cdot 0{,}2973 =$$
$$= 24{,}59 \quad \text{kNm/kg}$$

Die Druckverhältnisse sind gleich.

$$p_4/p_3 = p_2/p_1$$

Die Arbeit des Prozesses ist :

$$W = W_{zu} = W_{ab} = 51{,}23 - 24{,}59 = 26{,}64 \quad \text{kNm/kg}$$

Der Wirkungsgrad ist beim Stirling-Prozeß:

$$\eta = 1 - \frac{T_1}{T_3} = 1 - \frac{288}{600} = 0{,}52 = 52\ \%$$

Der entscheidende Vorteil dieses Prozesses zeigt sich (siehe Bild 3.3) an dem hohen Wert für den Mitteldruck. Er ergibt sich zu 1,26 bar.

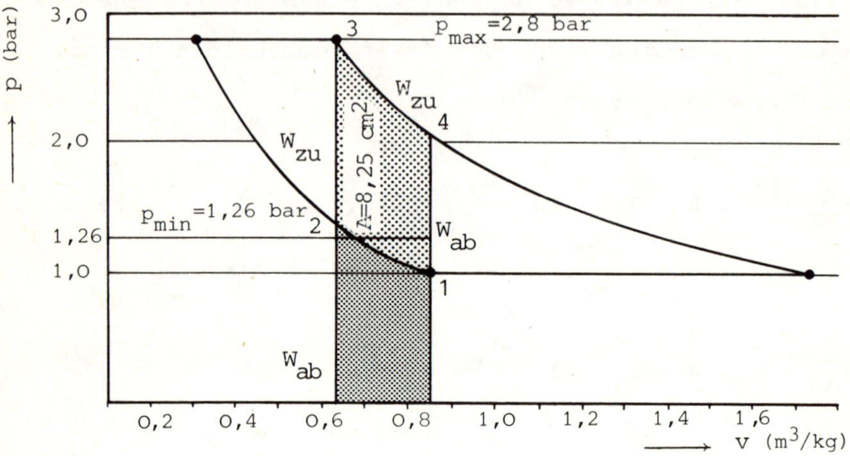

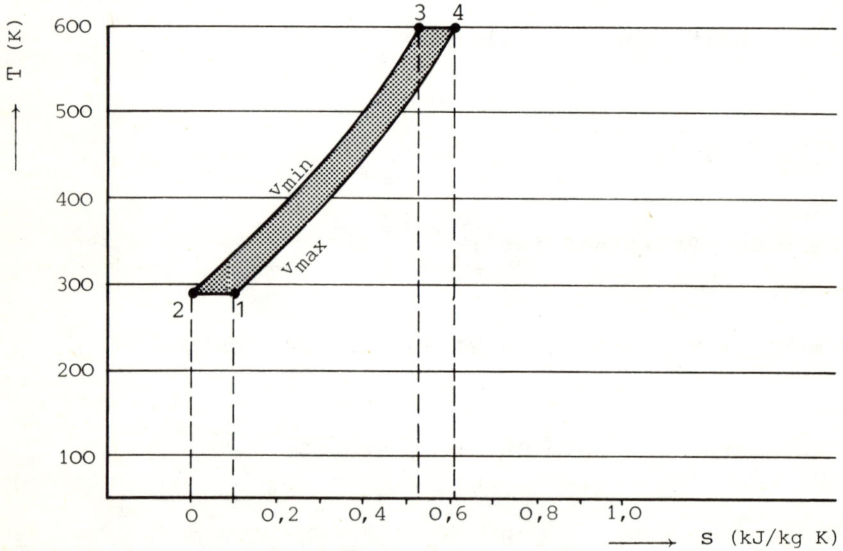

Abb. 3.3: Idealprozeß einer Heißluftmaschine nach Stirling

4.0 S O N N E N S T R A H L U N G

4.1 EXTRATERRESTRISCHE SONNENSTRAHLUNG

4.1.1 D i e S o n n e

Die Sonne ist eine Kugel von äußerst heißer gasförmiger Materie mit einem Durchmesser von $1{,}39 \cdot 10^6$ km; sie ist im Durchschnitt $1{,}5 \cdot 10^8$ km von der Erde entfernt. Von der Erde sieht man, daß sich die Sonne ungefähr einmal alle vier Wochen um ihre Achse dreht. Jedoch rotiert sie nicht wie ein fester Körper. Der Äquator hat eine Rotationsdauer von ungefähr 27 Tagen, die Polarregionen von 30 Tagen. Die Oberfläche der Sonne weist eine wirksamme Temperatur von ungefähr 6000 K auf. Die Temperatur im Bereich der Kernregionen wird unterschiedlich auf $8 \cdot 10^6$ bis $40 \cdot 10^6$ K geschätzt; die Dichte auf ungefähr 80- bis 100-fache von der des Wassers. Die Sonne ist ein kontinuierlich arbeitender Fusionsreaktor, dessen "Kesselwandungen" aus Gasen bestehen. Von den dabei ablaufenden Fusionsreaktionen ist die wichtigste die, bei der die Kerne zweier Wasserstoffatome, d.h. zwei Protonen, zu einem Heliumkern verschmelzen. Dabei wird ein Teil der Masse in Energie verwandelt und abgestrahlt.

Diese Energie wird im Innern der Sonnenkugel bei Temperaturen von vielen Millionen Grad erzeugt. Der Energietransport vom Sonneninnern an die Oberfläche findet in der Konvektionszone statt. Äußerlich erkennbar ist dieser Transport an den sogenannten Protuberanzen. Diese sind von der Erde als "Sonnenfackeln" oberhalb einzelner Konvektionszellen zu beobachten.

Oberhalb der Konvektionszone befinden sich die äußeren Schichten: P h o t o s p h ä r e , C h r o m o s p h ä r e und K o r o n a . Der größte Anteil der ausstrahlenden Energie kommt von der oberen Schicht der Konvektionszone. Die Sonne verhält sich annähernd wie der sogenannte "Schwarze Körper".

Prozesse in den oberen drei Schichten der Sonnenatmosphäre modifizieren die spektrale Intensität, wie sie für den "Schwarzen Körper" charakteristisch ist in einer für die Erde äußerst bedeutsamen Weise; die für die P h o t o s y n t h e s e wichtigen Strahlungsanteile, bei der Wellenlänge ca von 0,5 µm werdenin ihren Intensität z u s ä t z l i c h verstärkt!

Eine schematische Darstellung der Sonnenstruktur wird in Abb. 4.2 gezeigt. Weitere Informationen in L (21).

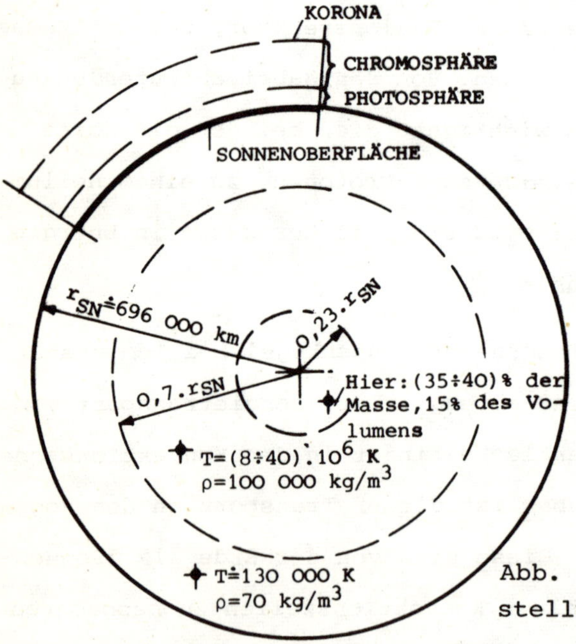

Abb. 4.1: Schematische Darstellung des Sonnenaufbaues

4.1.2. Die Solarkonstante

Abb. 4.2 zeigt schematisch die Geometrie des Verhältnisses Erde-Sonne. Die Exzentrität der Erdbahn bewirkt, daß die Entfernung zwischen Sonne und Erde sich um ± 3% verändert. In der Entfernung von einer astronomischen Einheit, das ist die mittlere Entfernung Erde-Sonne, überspannt die Sonne einen Winkel von 32´. Die Eigenschaften der Sonne und ihre räumliche Beziehung zur Erde bewirken, daß die Intensität der Sonnenstrahlung außerhalb der Erdatmosphäre nahezu konstant ist. Die Solarkonstante, $\dot{w}_{sno}$, ist diejenige Sonnenbestrahlungsstärke, die in der Zeiteinheit auf einer Einheitsfläche senkrecht zur Sonnenstrahlung im erdnahen Weltraum bei mittlerer Distanz Sonne-Erde empfangen wird.

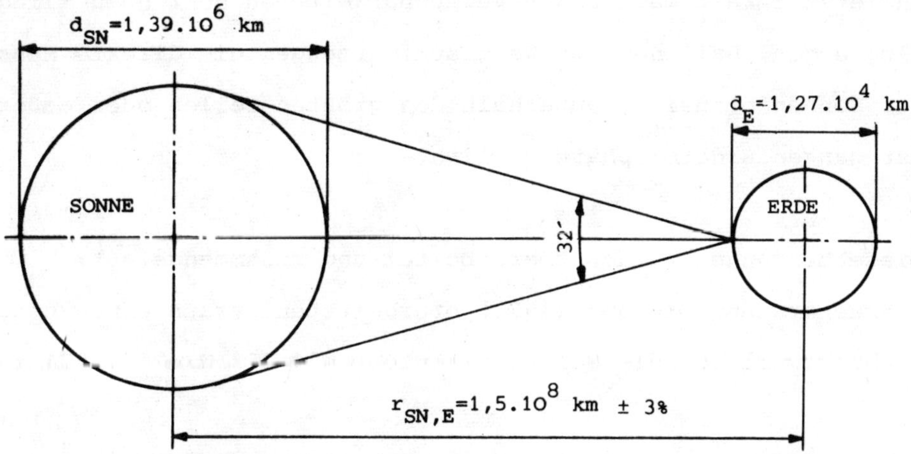

Abb. 4.2: Schematische Darstellung der Beziehung Erde-Sonne (nicht maßstäblich). Der Winkel, den die Sonne aus mittlerer Entfernung Sonne-Erde überspannt beträgt 32´

Bis in die jüngste Zeit mußte die Solarkonstante durch Messungen der Sonnenstrahlung am Boden geschätzt werden. Dabei wurde die Sonnenstrahlung bei ihrem Durchgang durch die Atmosphäre teilweise absorbiert und durch die in der Atmosphäre enthaltenen Bestandteile gestreut. Man führte auf hohen Bergen für verschiedene Bereiche des Spektrums Durchlässigkeitsmessungen der Atmosphäre durch, um daraus auf das extraterrestrische Spektrum zu schließen. Von C.G. Abbot und seinen Kollegen wurde am Smithsoniar-Institut Pionierarbeit geleistet. Diese Studie und spätere Messungen mit Raketen wurden von Johnson (1954) zusammengefaßt. Johnson hat den Abbot´schen Wert der Solarkonstanten von 1 322 W/m^2 auf 1 395 W/m^2 revidiert

In letzter Zeit machte die Verfügbarkeit von sehr hoch fliegende Flugzeugen, Ballonen und Weltraumfahrzeugen die direkte Messung der Sonnenintensität außerhalb des größten Teiles oder außerhalb der ganzen Erdatmosphäre möglich.

Diese Messungen wurden überarbeitet und zusammengefaßt; Thekaekara und Drumond (1971) erarbeiteten daraus einen neuen Standardwert für die Solarkonstante von 1 353 W/m^2 (4 871 kJ/^{2}h)

Laut L (6) beträgt die Solarkonstante: 2 cal/min · cm^2, d.h.

$$2 = 2 \cdot 60 \cdot 10^4 \cdot 10^{-3} \cdot 4{,}1868$$

$$\frac{\text{cal}}{\text{min} \cdot \text{cm}^2} = \frac{\text{cal}}{\text{min} \cdot \text{cm}^2} \; \frac{\text{min}}{\text{h}} \; \frac{\text{cm}^2}{\text{m}^2} \; \frac{\text{kcal}}{\text{cal}} \; \frac{\text{kJ}}{\text{kcal}}$$

$$2\ cal/min \cdot cm^2 = 5\,024{,}16\ kJ/m^2 \cdot h$$

Im Anhang dieses Buches Nr. A 1 befindet sich die entsprechende Ableitung.

4.1.3. Die spektrale Verteilung der extraterrestrischen Strahlung

Zuzüglich zur Gesamtintensität des Sonnenspektrums (d.h. der Solarkonstanten) ist noch die Kenntnis seiner spektralen Verteilung nützlich. Der früher anerkannte Wert der Solarkonstanten hat sich in erster Linie dadurch verändert, daß eine verbesserte Kenntnis der extraterrestrischen Strahlung in bestimmten Bereichen des Spektrums gewonnen wurde. Man hat eine neue Standardkurve der spektralen Verteilung erarbeitet, die auf Messungen in großen Höhen und im Weltraum beruht. Dieses auf Arbeiten der NASA (1971) beruhende Spektrum wird in Abb. 4.3 gezeigt. Die mittleren Energiemengen innerhalb einer schmalen Bandbreite, deren Mittelpunkt durch die Wellenlänge λ festgelegt ist, und die integrierten Energiemengen für Wellenlängen kleiner als λ, werden für die neu unterbreitete Standardkurve in Tab. IV. gezeigt, s. Anhang. Zu der Bezeichnung in dieser Tabelle:

$$A_\lambda = \dot{w}_{SN,O-\lambda} = \int_0^\lambda \dot{w}_{SNO,\lambda} \cdot d\lambda \qquad (4.1)$$

und

$$D_\lambda = \frac{\dot{w}_{SN,0-\lambda}}{\dot{w}_{SN,0-\infty}} = \frac{\int_0^\lambda \dot{w}_{SNO,\lambda} \cdot d\lambda}{\int_0^\infty \dot{w}_{SNO,\lambda} \cdot d\lambda} = \frac{\dot{w}_{SN,0-\lambda}}{\sigma \cdot T^4} \qquad (4.2)$$

hier

$\dot{w}_{SNO,\lambda}$ - die spezifische spektrale extraterrestrische solare Bestrahlungsstärke in W/m^3 oder in $W/cm^2.\mu m$,

σ - die Stefan-Boltzmannsche Konstante in $W/m^2.K^4$.

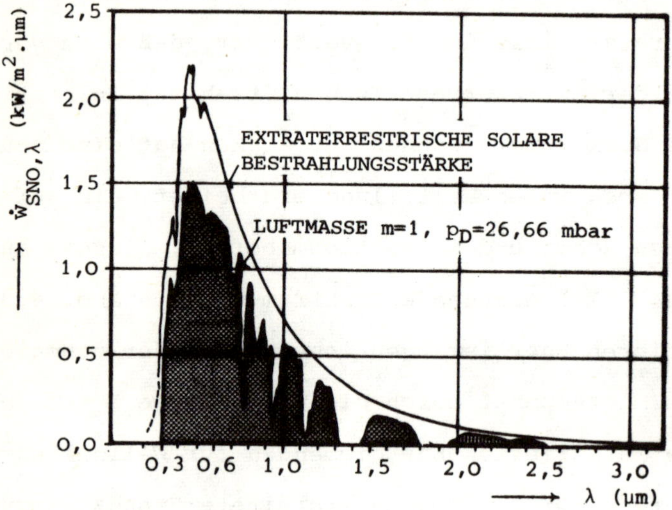

Abb. 4.3: Die spezifische spektrale extraterrestrische solare Bestrahlungsstärke $\dot{w}_{SNO,\lambda}$ bei mittlerer Sonne-Erde-Entfernung (Solarkonstante $\dot{w}_{SNO}$ = 1353 W/m^2) gemäß der Standardkurve der NASA (1971)

Beispiel: Berechne den Bruchteil und den Betrag der extraterrestrischen Sonnenstrahlung, der in dolgende Bereiche fällt: Ultraviolett (λ < 0,38 µm), visueller Bereich (0,38 µm < λ < 0,78 µm) und Infrarot (λ > 0,78 µm).

Lösung: Gemäß Tab. IV. betragen die Anteile D_λ für die Wellenlängen 0,30 und 0,78 µm 0,0700 und 0,5429 (durch die Interpolation). Demnach beträgt:

- der Anteil der Ultravioletten 0,0700 %
- der Anteil im sichtbaren Bereich 0,5429 - 0,0700 = 0,4729 %
- der Anteil des Infraroten 1,0 - 0,5429 = 0,4571 %.

Wendet man diese Bruchteile auf eine Solarkonstante von $\dot{w}_{SNO}$ = 1353 W/m^2 an, interpoliert die Resultate, so erhalten wir:

Wellenlängenbereich µm	0 - 0,38	0,38 - 0,78	0,78 - ∞
Anteil des Bereiches %	0,0700	0,4729	0,4571
Energie im Bereich W/m^2	95	640	618

4.2 SONNENSTRAHLUNG AUF DER ERDOBERFLÄCHE

Kapitel 4.1 beschrieb die Intensität und die spektrale Verteilung der Sonnenstrahlung außerhalb der Atmosphäre im Bereich der Erdbahn. Hier betrachten wir die Faktoren, welche auf die Intensität der Strahlung am Boden einwirken, das sind die Schwächung durch die Atmosphäre und die Stellung der Empfängerfläche.

Im allgemeinen ist es nicht zweckmäßig, von der Kenntnis der extraterrestrischen Strahlung auszugehen, um die Intensität und spektrale Verteilung am Erdboden vorauszusagen. Passende meteorologische Daten für solche Rechnungen sind selten erhältlich, und gewöhnlich wird Zuflucht zu Messungen genommen. Doch ist es zum Verständnis und zur Anwendung von Sonnenstrahlungsdaten nützlich, die Strahlungsschwächung der Atmosphäre und den Einfluß der Stellung des Empfängers zu kennen.

4.2.1 Definitionen

Enige Definitionen werden zum Verständnis dieses Kapitels nützlich sein:

- direkte Strahlung $\dot{w}_{SN,S}$ (W/m^2), das ist die Bestrahlungsstärke, die von der Sonne kommend ohne Richtungsänderung empfangen wird,

- d i f f u s e S t r a h l u n g (Himmelsstrahlung) $\dot{w}_{SN,d}$ (W/m^2), das ist die Strahlung, die von der Sonne kommend empfangen wird, nachdem die Richtung durch Reflexion und Streuung in der Atmosphäre verändert worden ist,

- G l o b a l s t r a h l u n g $\dot{w}_{SN,g}$ (W/m^2), ist die Summe der direkten und der diffusen Strahlung,

- L u f t m a s s e m (kg), das ist die Masse der Luft (Luftsäule), die der Sonnenstrahlung beim Eindringen durch die Atmosphäre im Wege steht, wobei der vertikale Weg zum Meeresniveau als Einheit betrachtet wird (m = 1, wenn die Sonne im Zenit, d.h. senkrecht über dem Kopf steht); m = 2 für einen Zenitwinkel $\Theta_Z = 60^\circ$, das ist der Winkel, welcher vom Zenit und der direkten Sichtlinie zur Sonne eingeschlossen wird. Für alle - mit Ausnahme sehr großer - Zenitwinkel ($m \geq 3$, wobei der Einfluß der Erdkrümmung wesentlich wird) gilt:

$$m = \sec \Theta_Z = \frac{1}{\cos \Theta_Z} \tag{4.3}$$

<u>Beispiel</u>: Für Zenitwinkel $\Theta_Z = 60^\circ$:

$$m = \frac{1}{\cos 60^\circ} = \frac{1}{0{,}5} = 2$$

4.2.2. S c h w a n k u n g e n   d e r   e x t r a- t e r r e s t r i s c h e n   S t r a h l u n g

Aus der Analyse von Strahlungsdaten wurde festgestellt, daß wahrscheinlich die Schwankungen der gesamten Sonnenemission geringer sind als ± 1,5% (siehe L (9)). Wenn Energie aus weiten Bereichen des gesamten Sonnenspektrums für thermische Verfahren genützt wird, ist die Durchlässigkeit der Atmosphäre der größere Unsicherheitsfaktor; die Energieabstrahlung der Sonne kann dabei als konstant betrachtet werden.

Entfernungsänderungen zwischen Sonne und Erde führen jedoch zu Veränderungen des extraterrestrischen Strahlungsflusses im Bereich von ± 3%. Die Abb. 4.4 zeigt die Abhängigkeit der extraterrestrischen Sonnenstrahlung von der Jahreszeit.

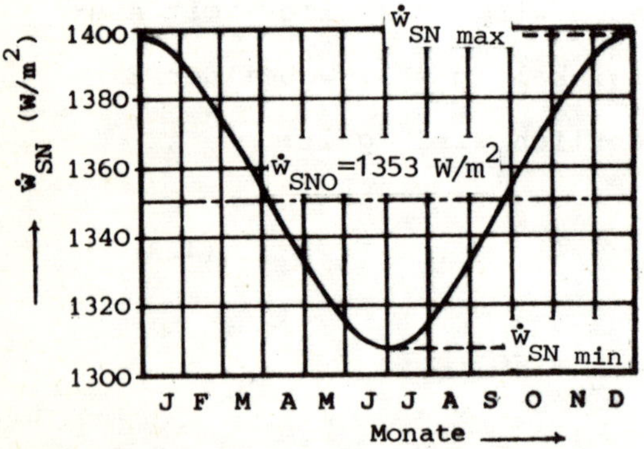

Abb. 4.4: Änderung der spezifischen extraterrestrischen Sonnenbestrahlungsstärke mit der Jahreszeit

4.2.3. Schwächung der direkten Strahlung

Strahlung, die von der Sonne kommend auf der Erdoberfläche mit senkrechtem Auftreffwinkel empfangen wird, ist folgenden Einflüssen unterworfen:

- Intensitätsänderungen durch wechselnde Entfernung Erde-Sonne,
- Veränderungen in der Atmosphäre durch Streuung an Luftmolekülen, Wasserdampf und Staub,
- Veränderung durch atmosphärische Absorption, verursacht von O_2, O_3, H_2O und CO_2.

Die auf der Erdatmosphäre senkrecht auftreffende Sonnenstrahlung weist eine spektrale Verteilung auf, die in Abb. 4.3 dargestellt ist. Röntgenstrahlung und andere sehr kurzwellige Strahlung aus dem Sonnenspektrum werden hoch in der Ionosphäre durch Stickstoff, Sauerstoff und andere Bestandteile der Atmosphäre absobiert. Ozon verschluckt den größten Teil des Ultravioletten. Bei Wellenlängen $\lambda > 2{,}5$ µm bewirkt eine Kombination von geringer extraterrestrischer Strahlung und starker Absorption durch CO_2 und H_2O, daß sehr wenig Energie den Boden erreicht. Demnach braucht vom Gesichtspunkt terrestrischer Nutzung der Sonnenenergie zur Strahlung mit Wellenlängen zwischen 0,29 und 2,5 µm betrachtet zu werden. Diese Sonnenstrahlung wird von der Atmosphäre durchgelassen, wobei sie Veränderungen durch Streuung und Absorption erleidet.

Luftmoleküle, Wasserdampf und Staub schwächen die direkte Strahlung durch Streuung; diese ist Gegenstand einer Anzahl von Untersuchungen gewesen; dabei wurden Näherungsmethoden entwickelt, um die Größe dieses Effektes abzuschätzen. Dieses Thema mit der einschlägigen Literatur bis 1940 wird von Moon (1940) behandelt, aus dessen Arbeiten viel für diesen Überblick entnommen wurde. Eine jüngere Diskussion, welche die Wirkung von Wolken einschließt, wird von Fritz (1958) gegeben. Thekaekara (1974) faßt den gegenwärtigen Stand des Wissens zusammen und beinhaltet eine reichliche Bibliographie L (21).

In der deutschsprachigen Literatur ist das Buch von Schulze (1972) zu empfehlen L (20).

Die Luftmoleküle sind sehr klein, vergleicht man sie mit jenen Wellenlängen der Strahlung, welche für das Sonnenspektrum von Bedeutung sind. Die Streuung dieser Strahlung durch Moleküle geschieht in Übereinstimmung mit der Theorie von Rayleigh; diese zeigt, daß der Streuungskoeffizient sich ungefähr mit λ^{-4} ändert, wobei λ die Wellenlänge der Strahlung ist. Dies wurde experimentell überprüft. Der monochromatische Durchlässigkeitsfaktor, welcher der atmosphärischen Streuung zugeordnet wird, kann geschrieben werden:

$$t_{At,\lambda} = 10^{-0{,}00389\lambda^{-4}} \qquad ((\%/100) \cdot \dot{w}_{SNO,\lambda}) \quad (4{,}4)$$

(Die Erklärung zu dieser Einheit-siehe Anhang).

wobei λ in µm gemessen wird, m = 1, und der Luftdruck 1 013 mbar beträgt. Staubteilchen sind viel größer als Luftmoleküle und ändern sich sehr stark in Größe und Konzentration mit Ort, Höhe und Zeit; ihre Streuwirkung ist viel schwieriger abzuschätzen. Moon entwickelte einen Durchlässigkeitsfaktor, der dem für Luftmoleküle ähnlich ist:

$$t_{St,\lambda} = 10^{-0,0353\lambda^{-0,75}} \quad ((\%/100).\dot{w}_{SNO,\lambda}) \qquad (4.5)$$

wobei m = 1 und die durchschnittliche Konzentration der Staubpartikel in Bodennähe 800 Partikeln/cm^3 beträgt.

Für den Fall, daß die Sonne im Zenit steht und 20 mm kondensierbares Wasser (das ist die absolute Wassermenge in einer Luftsäule oberhalb des Beobachters) enthalten sind, kann die Streuung durch Wasserdampf beschrieben werden mit:

$$t_{H2O,\lambda} = 10^{-0,0075\lambda^{-2}} \quad ((\%/100).\dot{w}_{SNO,\lambda}) \qquad (4.6)$$

Die gesamte Wirkung der Streuung auf die direkte Strahlung kann näherungsweise beschrieben werden mit:

$$t_{\lambda(S)} = \left[(t_{AL,\lambda})^{p/1013} \cdot (t_{St,\lambda})^{n/800} \cdot (t_{H2O,\lambda})^{p_D/20,66} \right]^m \qquad (4.7)$$

Wobei $t_{\lambda(S)}$ monochromatische atmosphärische Durchlässigkeit für direkte Strahlung, welche nur die Streuung bei der Wellenlänge λ betrachtet $((\%/100).\dot{w}_{SNO,\lambda})$

p	Gesamtdruck der feuchten Luft	(mbar)
n	Anzahl der Staubpartikel in der Bodennähe	($1/cm^3$)
p_D	Teildruck des Wasserdampfes	(mbar)
m	Luftmasse	(1)

Man beachte, daß der Luftdruck, die Luftmasse, die Staubkonzentration und Teildruck des Wasserdampfes die Abschwächung der direkten Strahlung als Exponenten bestimmen. Die ersten zwei dieser Parameter sind hinlänglich bestimmt. Die Werte von n und p_D sind im allgemeinen unbekannt, sieht man von Schätzungen ab, die auf Erdoberflächenmessungen beruhen.

Absorption von Strahlung innerhalb der Atmosphäre geschieht, was den Bereich des Sonnenspektrums betrifft, im Ultravioletten hauptsächlich durch Ozon und im Infraroten in Form von Absorptionsbanden durch Wasserdampf. Die kurzwellige Strahlung unterhalb von 0,29 µm wird fast vollständig absorbiert; Durchlässigkeitswerte für typische Konzentrationen von Ozon in der Atmosphäre werden in Tab. 4.2 wiedergegeben.

λ	µm	0,29	0,30	0,31	0,33	0,35
$t_{O3,\lambda}$	%/100	0	0,10	0,50	0,90	1,00

Tab. 4.2: Durchlässigkeit der Atmosphäre für Ultraviolettlicht bei einer Ozon-Schicht mit einer Dicke von 2,5 mm bei einem atmosphärischen Druck p = 1013 mbar

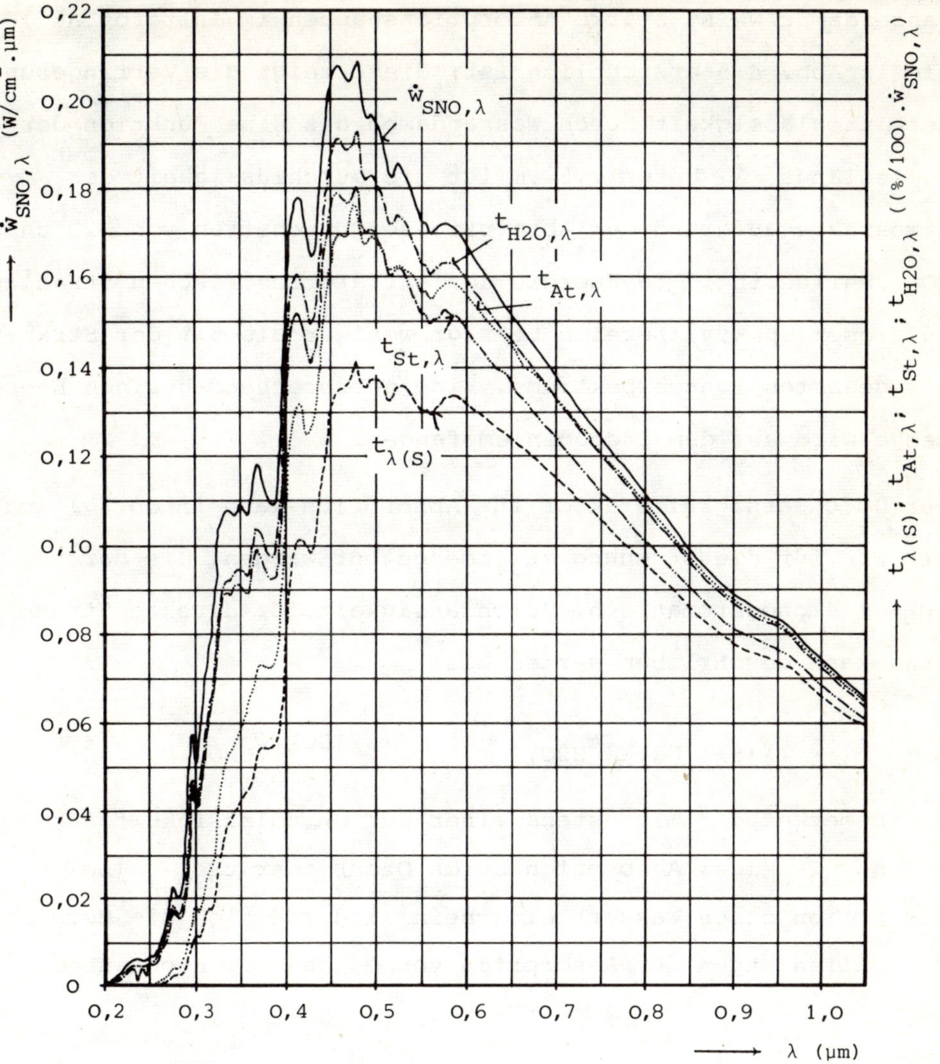

Abb.4.5: Die spezifische spektrale extraterestrische Sonnenbestrahlungsstärke $\dot{w}_{SNO,\lambda}$ und die Durchlässigkeitsanteile aus den Gl. (4.4) bis (4.8) $t_{At,\lambda}$, $t_{St,\lambda}$, $t_{H2O,\lambda}$, und $t_{\lambda(S)}$

Wasserdampf weist starke Absorptionsbanden im Infrarot auf, wie in Abb. 4.5 ersichtlich ist; diese zeigt die Verringerung der Durchlässigkeit durch Wasserdampf als eine Funktion der Wellenlänge λ. Unter 2,3 µm ist die Durchlässigkeit der Atmosphäre aufgrund der Absorptionseigenschaften von H2O und CO2 sehr gering. Die Energie der extraterrestrischen Strahlung in diesem Spektralbereich beträgt weniger als 5 % der Strahlung des gesamten Sonnenspektrums. Eine entsprechend geringe Energiemenge wird auf dem Erdboden empfangen.

Der Durchlässigkeitsfaktor für Absorption kann in der gleichen Art wie für die Streuung zusammengefaßt werden. Die daraus folgende monochromatische Durchlässigkeit für direkte Strahlung kann geschrieben werden als:

$$t_{\lambda} = t_{\lambda(S)} \cdot t_{O3,\lambda} \cdot t_{H2O,\lambda} \qquad ((\%/100) \cdot \dot{w}_{SNO,\lambda}) \qquad (4.8)$$

Man bemerke, daß mindestens einer der Durchlässigkeitsfaktoren $t_{O3,\lambda}$ (bei Absorption durch Ozon) oder $t_{H2O,\lambda}$ (bei Absorption durch Wasser) eins sein wird, da sich die Bereiche der Wellenlängen für Absorption von O3 und H2O nicht überlappen.

Berechnungen dieser Art wurden von Moos (194) zusammengefaßt. Er benutzte die besten der erhältlichen Daten über die spektrale Verteilung der Sonnenstrahlung außerhalb der Atmosphäre und über die verschiedenen Durchlässigkeitsfaktoren für eine typische Atmosphäre, um eine Anzahl von "Vorschlägen für Standardkurven" zu schaffen, die die direkte Sonnenstrahlung als eine Funktion der Wellenlänge und Luftmasse zwischen(O und 5) µm darstellen. Ebenso tabulierte er die Intensitäten für eine Standardatmosphäre ($p = 1013$, $p_D = 26{,}66$, $p_{O3} = 3{,}73$ in mbar; $n = 300$ in $1/cm^3$) bei verschiedenen Wellenlängen und bei $m = 2$. Er schlug vor, daß dies als Standardkurve der spektralen Verteilung für direkte Sonnenstrahlung an Ortennahe dem Meeresniveau verwendet werde. In der Abb.4.6 sind diese partiellen Durchlässigkeitsanteile aus den Gl. (4.4) bis (4.8) wiedergegeben.

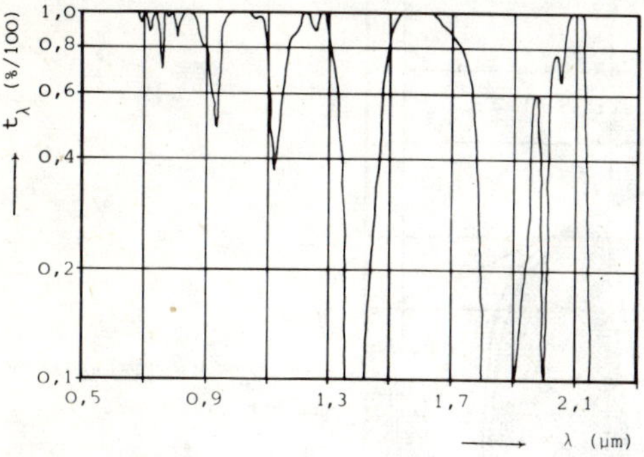

Abb.4.6: Der spektrale Transmissionsgrad von Wasserdampf

Neuere Untersuchungen von Johnson und von Thekaekara/Drummond, die in Kapitel 4.1 angeführt sind, haben gezeigt, daß Moons Intensitäten am kurzwelligen Ende des Spektrums für $m = 0$ zu gering sind. Moon verwendete eine Solarkonstante von 1 322 w/m^2 im Gegensatz zu dem nun angenommen Wert von 1 353 w/m^2. Thekaekara (1974) bringt neue Kurven der spektralen Verteilung für direkte Strahlung. Sie beruhen auf dem Spektrum der extraterrestrischen Strahlung das in Abb. 4.3 gezeigt wird. Diese gelten für sehr klare und einigermaßen klare Atmosphären und für Luftmassen von 1, 4, 7, 10. Abb. 4.7 von Thekaekara zeigt die extraterrestrische Strahlungsverteilung, ihren Vergleich mit einer normierten Verteilungskurve eines schwarzen Strahlers bei einer Temperatur von 5 762 K und das Sonnenspektrum für sehr klare Atmosphären mit der Luftmasse m = 1 ohne und mit molekularer Absorption. Die Verteilungskurve für den letzteren Fall (eine aus dem Satz der neuen Verteilungskurven wird oben angeführt) zeigt Absorptionsbanden, die O_3, H_2O, CO_2 und O_2 zugeordnet werden.

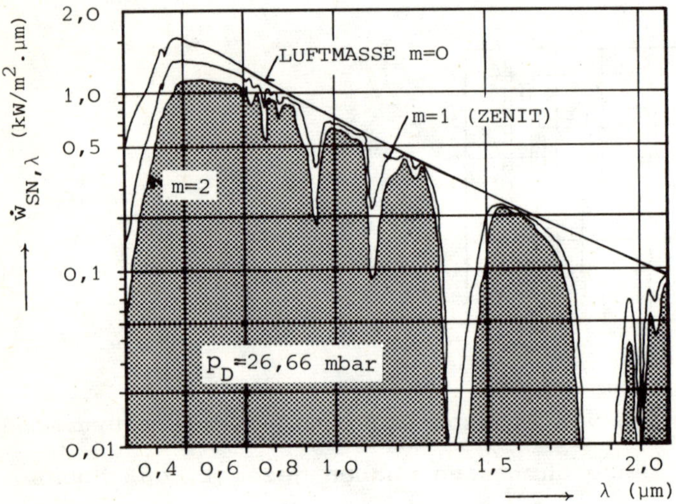

Abb.4.7: Die spektrale solare Bestrahlungsstärke $\dot{w}_{SN,\lambda}$ für die Luftmasse m=0,1 und 2; p_D=26,66 mbar (im logarithmischen Maßstab)

4.2.4. Diffuse Strahlung auf dem Boden

Wie oben erwähnt, streuen die Bestandteile der Atmosphäre einen Teil der Sonnenstrahlung. Diese gestreute Strahlung erreicht teilweise den Erdboden. Daher gibt es immer diffuse Strahlung, sogar dann, wenn der Himmel sehr klar ist. Wasser und Feststoffteilchen in den Wolken streuen die Strahlung, und bei starker Bewölkung wird die gesamte Strahlung, welche den Boden erreicht, diffus sein. Eine brauchbare Behandlung der diffusen Strahlung (Streuung durch klare Atmosphäre oder durch Wolken) wird von Fritz (1958) gebracht.

In der Praxis sind meist keine passenden atmosphärischen Daten erhältlich, damit die Intensität, die spektrale Verteilung oder die Richtungsverteilung der diffusen Strahlung auf dem Boden zu berechnen. Die Richtungsverteilung der diffusen Strahlung wird hier nicht erwähnt.

4.2.5. Die Richtung der direkten Strahlung

Die geometrischen Beziehungen zwischen einer Ebene mit beliebiger Orientierung relativ zur Erde für beliebige Zeiten (abhängig davon, ob die Ebene in Ruhe ist oder ob sie sich relativ zur Erde bewegt) und der ankommenden direkten Sonnenstrahlung, d. h. der Positionen der Sonne relativ zu dieser Ebene, können als Beziehung von verschiedenen Winkeln beschrieben werden. Diese Winkel und die Beziehung zwischen ihnen (nach Benford und Book (1939)) sind:

φ = geographische Breite (Nord positiv)

δ = Deklination
Winkel zwischen Sonne bei Höchststand und Äquatorebene (Nord positiv)

s = Steigung bzw. Neigung der Ebene
Winkel zwischen der Horizontalen und der Ebene

a = Azimutwinkel (Abweichung des Sonnenstandes von der Südrichtung, wobei nach Osten positiv und nach Westen negativ gerechnet wird)

w = Stundenwinkel, wobei der Sonnenhöchststand Nullpunkt ist und jeder Stunde eine Länge von 15° entspricht. Dieser Winkel wird vormittags positiv und nachmittags negativ, z.B w = +15 für 11.00 Uhr und w = 37,5 für 14.30 Uhr

Θ = Einfallwinkel der direkten Sonnenstrahlung, wobei dieser Winkel zwischen dem einfallenden Strahl und der Normalen auf die Ebene gemessen wird.

Die Deklination, δ, kann mittels der Näherungsgleichung von Cooper (1969) gefunden werden:

$$\delta = 23{,}45 \sin \left(360 \frac{284 + n}{365}\right) \qquad (4.9)$$

wobei n die Nummer des Tages im Jahr ist. Die Deklination kann ebenso leicht aus graphischen Darstellungen gefunden werden. Die Beziehung zwischen Θ und anderen Winkeln wird gegeben durch:

$$\begin{aligned} \cos \Theta = {} & \sin\delta \cdot \sin\varphi \cdot \cos s - \\ & - \sin\delta \cdot \cos\varphi \cdot \sin s \cdot \cos a + \\ & + \cos\delta \cdot \cos\varphi \cdot \cos s \cdot \cos \omega + \qquad (4.10) \\ & + \cos\delta \cdot \sin\varphi \cdot \sin s \cdot \cos a \cdot \cos \omega + \\ & + \cos\delta \cdot \sin s \cdot \sin a \cdot \sin \omega \end{aligned}$$

Alle Winkelangaben werden in (^{o}) eingesetzt.

Diese trigonometrischen Beziehungen werden anhand eines Beispieles erläutert:

Berechne den Einfallswinkel der direkten Strahlung auf eine Fläche in Stuttgart (Wernau/Neckar) um 14.3o Uhr am 15. Februar, wenn diese Fläche 6o^{o} zur Horizontalen geneigt ist und um 15° von Süden nach Westen gedreht ist.

Unter diesen Bedingungen beträgt

die Deklination	$\delta = -13{,}3^{o}$
der Stundenwinkel	$\omega = -37{,}5^{o}$
der Azimutwinkel	$a = -15^{o}$
die Neigung	$s = 6o^{o}$
die geographische Breite	$\varphi = 48{,}5^{o}$

Der Einfallswinkel der direkten Sonnenstrahlung wird dann:

$$\cos\Theta = \sin(-13{,}3) . \sin(+48{,}5) . \cos(6o{,}o) -$$
$$-\sin(-13{,}3) . \cos(48{,}5) . \sin(6o{,}o) . \cos(-15{,}o) +$$
$$+\cos(-13{,}3) . \cos(48{,}5) . \cos(6o{,}o) . \cos(-37{,}5) +$$
$$+\cos(-13{,}3) . \sin(48{,}5) . \sin(6o{,}o) . \cos(-15) . \cos(-37{,}5)$$
$$+\cos(-13{,}3) . \sin(-15{,}o) . \sin(6o{,}o) . \sin(-37{,}5)$$

$$\cos\Theta = -o{,}o866 - (-o{,}1275) + o{,}2558 + o{,}4837 + o{,}1328$$

$$\cos\Theta = o{,}9136$$

$$\Theta = 24{,}o^{o}$$

Weitere Winkel, die bestimmt werden können, sind

Θ_z = Zenitwinkel
Winkel zwischen der Richtung zur Sonne und der Vertikalen

h = Sonnenhöhe
Winkel zwischen der Richtung zur Sonne und der Horizontalen

Dem Sonnenwinkel h entspricht ebenso:

$$h = (90^{o} - \Theta_z) \ (^{o}) \qquad (4.11)$$

Die Beziehungen, die zum Einfallswinkel der direkten Sonnenstrahlung führen, vereinfachen sich in vielen Fällen. Beispielsweise entfällt für einen nach Süden ausgerichteten Flachkollektor der letzte Term, da der Azimutwinkel 0 ist. Für senkrechte Empfängerflächen, d.h. $s = 90^{o}$, fällt der erste und der dritte Term weg, da der Cosinus des Neigungswinkels von 90° Null wird.
Für horizontale Flächen, d.h. $s = 0^{o}$, verbleibt lediglich der erste und der dritte Term. Der Einfallswinkel bzw. in diesem Fall auch der Zenitwinkel wird dann

$$\cos \Theta_1 = \cos \Theta_z = \sin\delta \cdot \sin\varphi + \cos\delta \cdot \cos\varphi \cdot \cos\omega \qquad (4.12)$$

da der Cosinus des Neigungswinkels in diesem Falle 1 beträgt.

Beispiel: Berechne den Zenitwinkel der Sonne um 14.3o Uhr

in Lahn-Gießen am 26. Januar 1978.

<u>Lösung:</u> Aus der Gl. (4.12):

Es ist: Deklination $\delta = -19{,}o^{o}$; $\sin(-19{,}o) = -o{,}3261$

$\cos(-19{,}o) = o{,}9453$

Geograph.Breite von Gießen $= +5o{,}5^{o}$ $\sin 5o{,}5 = o{,}7716$

$\cos 5o{,}5 = o{,}6361$

Stundenwinkel $\omega = (-37{,}5^{o})$; $\cos\omega = o{,}7934$

$$\cos\Theta_z = -o{,}3261 . o{,}7716 + o{,}9453 . o{,}6361 . o{,}7934$$

$$\cos\Theta_z = +o{,}22546$$

$$\underline{\underline{\Theta_z = 77^{o}}}$$

Für nach Norden und nach Süden können folgende nützliche Beziehungen für den Einfallswinkel der direkten Sonnenstrahlung abgeleitet werden, wenn die Empfängerflächen nach diesen Himmeslrichtungen ausgerichtet sind.
Aus untenstehender Abbildung wird deutlich, daß Flächen mit Neigungen s nach Norden oder Süden die gleichen Winkelbeziehungen zur gerichteten Strahlung aufweisen, wie eine horizontale Fläche bei einer scheinbaren geogr. Breite von $(\varphi - s)$

<u>Bemerkung</u>: Die Umrechnung zwischen Stunde und Uhr erfolgt z.B.:

7,65 h ist wieviel Uhr?

7 h = 7 Uhr und $\frac{0{,}65}{100} = \frac{x}{60}$ => 0,65 h = 39 Min

und 7,65 h = 7,39 Uhr.

Damit ergibt sich (die Gl. (4.12) modifiziert):

$$\cos \Theta_z = \sin \delta \cdot \sin (\varphi - s) + \cos\delta \cdot \cos (\varphi - s) \cdot \cos \omega \qquad (4.13)$$

Man beachte, daß die Neigung s von der Horizontalen zur Ebene der fraglichen Fläche gemessen wird und daß sie bei einer Neigung nach Süden positiv ist.

Wenn der Zenitwinkel den Wert von 9o° hat, dann ist sein Cosinus Null. Die Ausgangsgleichung kann nun nach dem Stundenwinkel des Sonnenaufganges ω_s aufgelöst werden.

$$\cos \omega_s = - \frac{\sin\varphi \cdot \sin\delta}{\cos\varphi \cdot \cos\delta} = - \tan\varphi \cdot \tan \delta \qquad (4.14)$$

Damit wird das vorherige Beispiel in Lahn-Gießen

$$\cos \omega_s = - \tan 5o{,}5 \cdot \tan(-19{,}o)$$

$$= - 1{,}213 \ (-o{,}344)$$

$$\cos \omega_s = o{,}4177$$

$$\underline{\underline{\omega_s = 65{,}35^\circ}}$$

D.h. der Sonnenaufgang am 26.1.1978 in Lahn-Gießen ist:

$$\tau_A = 12.ooo \text{ h} - \frac{65{,}35 \ [^\circ]}{15 [^\circ / \text{h}]} = 12.oo \text{ h} - 4.35 \text{ h} \ \underline{= 7.65 \text{ h} = 7.39 \text{ Uhr}}$$

Weiterhin kann man die Sonnenscheindauer eines Tages durch die Beziehung

$$t_d = 2/15 \text{ Arc} \cos(-\tan\varphi \cdot \tan \delta) \quad [\text{h}] \qquad (4.15)$$

berechnen.

Für den 26.1.1978 ergibt sich somit eine Sonnenscheindauer

von: $t_d = \frac{2}{15\ ^{\circ}/h} \cdot 65{,}35^{\circ}$

Es gilt:
Jeder Stunde entspricht eine Länge von 15 Grad

$t_d = 8{,}713\ h$

vergl. Definition des Stundenwinkels w

d.h. der Sonnenuntergang wäre an diesem Tage um 16.22 Uhr

Bei allen vorgenannten Winkelbeziehungen, die von F. Benford und J.E.Bock in "A Time Analysis of Sunshine" veröffentlicht wurden, ist größte Sorgfalt für die Projektierung von Solaranlagen notwendig, da diese Beziehungen unterschiedlich definiert sein können.

Eine weitere nützliche Darstellung dieser geometrischen Beziehungen wurden 1963 von F.A. Brooks und W. Miller in "Introduction to the Utilization of Solar Energy" veröffentlicht.

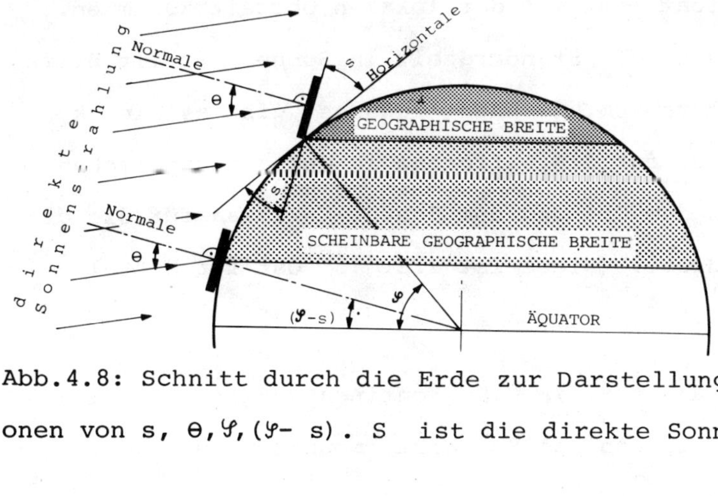

Abb.4.8: Schnitt durch die Erde zur Darstellung der Definitionen von s, θ, φ, (φ- s). S ist die direkte Sonnenstrahlung

4.2.6 Richtung der diffusen Strahlung

Abschnitt 4.2.5. befaßt sich mit der Richtung der direkten Strahlung; dies ist eine rein geometrisch zu lösende Aufgabe. Wenn man es mit der diffusen Strahlung aufnimmt, wird das gleiche Problem wesentlich schwieriger, da die Strahlung (durch Definition) nicht aus der Sonnenrichtung, sondern von anderen Stellen des Himmelsgewölbes kommt. Die Verteilung der diffusen Strahlung über den Himmel ist äußerst unterschiedlich und hängt von den atmosphärischen Bedingungen ab. Einige Messungen stehen zur Verfügung, z.B. die zitierten von Fritz (1958).

4.2.7 Sonnenzeit und Zeitgleichung

Es wird darauf verwiesen, daß die Zeit, die für alle Winkelbeziehungen mit der Sonne verwendet wird, Sonnenzeit ist. Diese fällt nicht mehr mit der lokalen Uhrzeit zusammen. Es ist notwendig, die Standardzeit in Sonnenzeit mit Hilfe zweier Korrekturen umzurechnen. Zunächst gibt es eine konstante Korrektur für die Differenz in der geographischen Länge zwischen dem Ort und dem Bezugs-Meridian für die örtliche Standardzeit. (Diese ist z.B. 15° Ost für Mitteleuropäische Zeit)*

* Bezugsmeridiane für die U.S. Kontinentalzeitzonen sind: eastern 75° West, central $9o^{\circ}$ West, mountain $1o5^{\circ}$ West, pacific $12o^{\circ}$ West.

Die zweite Korrektur rührt von der Zeitgleichung her. Diese berücksichtigt die verschiedenen Störungen des Erdumlaufes und der Erdrotation. Dadurch wird der Zeitpunkt, in dem die Sonne den Meridian des Beobachters zu schneiden scheint, beeinflußt.
Diese Korrektur ist aus veröffentlichten Diagrammen erhältlich.

Entsprechend kann die Sonnenzeit aus der Standardzeit durch folgende Gleichung berechnet werden:

$$\text{Sonnenzeit} = \text{Standardzeit} + E + 4 \cdot (\lambda_{st} - \lambda_{lok}) \quad (4.16)$$

Dabei gilt: E = Zeitgleichung aus Abb. 4.8 (min)

λ_{st} = Meridian, auf dem die örtliche Standardzeit beruht (Grad West bzw. Grad Ost)

λ_{lok} = geographische Länge des betreffenden Ortes (Grad West bzw. Grad Ost)

Beispiel: Welcher Sonnenzeit entspricht 1o.3o Uhr zentral Standardzeit am 2. Februar in Madison?
Die Zeitgleichung beträgt:

$$\text{Sonnenzeit} = \text{Standardzeit} + E + 4 \cdot (9o - 89{,}38)$$

$$= \text{Standardzeit} + E + 2{,}48$$

Man beachte, daß die Sonne 4 Minuten benötigt, um 1° Länge weiter zu wandern, und daß die Größen im letzten Term der

Gleichung daher in Minuten angegeben sind. Am 2. Februar beträgt $E = -13{,}5$ Minuten, so daß die Korrektur auf Standardzeit, um die S o n n e n z e i t zu bekommen, -11 Minuten beträgt. Daher entspricht 10.30 Uhr central TIME 10.19 Uhr Sonnenzeit.

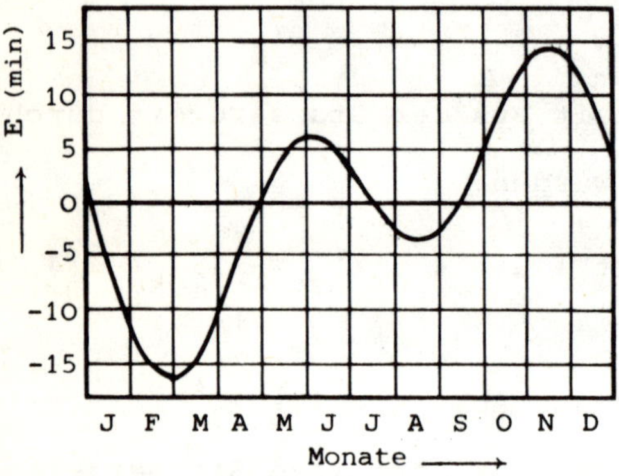

Abb.4.9: Die Zeitgleichung E in Minuten als Funktion der Jahreszeit

5.0 S O N N E N K O L L E K T O R A L S E N E R G I E - W A N D L E R

Sonnenkollektoren sollen den Hauptteil des Strahlungsspektrums der einfallenden Sonnenenergie in Wärme umwandeln um diese möglichst mit hohem Wirkungsgrad an ein fluides Transportmittel zu übertragen. Zur Erzielung eines hohen Wirkungsgrades sollen Sonnenkollektoren nach Möglichkeit folgende Eigenschaften besitzen:

. kleine Reflexion im gesamten Spektralbereich der Sonnenstrahlung (λ = 0,3 bis 2 µm),

. hohe Absorption im gesamten spektralen Bereich der Sonnenstrahlung (Absorptionskoeffizient des Absorbers $a_A \geq 0,9$),

. geringe Emission im Bereich der Wärmestrahlung (λ = 3 bis 30 µm), (Emissionskoeffizient des Absorbers $\varepsilon_A = 0,2$),

. geringe Wärmeverluste durch Wärmeleitung und Konvektion an die Umgebung,

. geringe Wärmekapazität.

In diesem Zusammenhang versteht man unter einem selektiven Absorber einen solchen, der im Bereich des Sonnenspektrums eine hohe Absorption und im Bereich der Wärmestrahlung eine große Reflexion besitzt. Die Abdeckung von den Sonnenkollektoren soll wie ein selektiver Filter ausgebildet werden, der:

. eine hohe Transmission für die einfallende Sonnenstrahlung

. und eine hohe Reflexion für die von der Fläche des Absorbers ausgehende Wärmestrahlung aufweist.

Populär ausgedrückt: Ein Sonnenkollektor soll gegenüber der Sonnenstrahlung als eine ideale "Mausefalle" funktionieren. Die einfallende Strahlung soll vollkommen absorbiert und eigene nicht ausgestrahlt werden.

Der Sonnenkollektor als solcher, die selektive Beschichtung der Abdeckung einerseits und des Absorbers andererseits ist in der Literatur schon reichlich beschrieben worden. Die Eigenschaften der Abdeckung wurden dagegen bis jetzt als Waisenkind behandelt; und gerade diese können auch den Wirkungsgrad der Energiewandlung erheblich beeinflussen.

Im nächsten Kapitel ist dieser Problematik unsere Aufmerksammkeit gewidmet.

6.0 DIE PROBLEMATIK DER ABDECKUNG DER FLACH-SONNENKOLLEKTOREN

Von der Materie wird die auftreffende Strahlung entweder reflektiert, absorbiert oder durchgelassen. Diese Vorgänge sind von der Wellenlänge und von dem Einfallswinkel abhängig. Streng genommen sind Brechindex n und Extinktionskoeffizient K auch von der Wellenlänge abhängig. Man redet von dem spektralen Brechindex n_λ und dem spektralen Extinktionskoeffizienten K_λ. Bei der praktischen Anwendung der Sonnenenergie könnte man n und K als unabhängig von λ annehmen.

6.1 DER VORGANG AUF DER ÄUßEREN FLÄCHE DER ABDECKUNG

6.1.1 Reflexion an der Oberfläche

Nach Fresnell wird für die nichtpolarisierte Strahlung beim Auffall auf eine Fläche, die ein Mittel von der Brechzahl n_1 von einem anderen von der Brechzahl n_2 trennt, der auftreffende Energiefluß zerlegt in

$$\dot{W} = \dot{W}_r + \dot{W}_O \qquad (6.1)$$

Wobei nur $\dot{W}_O$ weitergeführt, dagegen $\dot{W}_r$ in das erste Mittel zurückgeworfen wird. $\dot{W}_0$ ist dann die Energie, die entweder durchgeht, oder absorbiert wird.

Der Reflexionsgrad r in der Abhängigkeit von dem Einfallswinkel θ_1 ist durch die Gl. (6.2) gegeben.

$$r = \frac{\dot{W}_r}{\dot{W}} = \frac{1}{2} \cdot \left(\frac{\sin^2(\theta_2 - \theta_1)}{\sin^2(\theta_2 + \theta_1)} + \frac{tg^2(\theta_2 - \theta_1)}{tg^2(\theta_2 + \theta_1)} \right) \qquad (6.2)$$

θ_1 und θ_2 werden Einfalls- bzw. Brechungswinkel genannt, was aus der Abb. 6.1 zu entnehmen ist. Die zwei Therme in den äußeren Klammern sind die Komponenten der polarisierten Strahlung. Mit anderen Worten: Der Reflexionsgrad ist ein Duchschnittswert aus den beiden Komponenten der polarisierten und reflektierten Strahlung in zwei Polarisationsebenen

$$r = \frac{r_p + r_s}{2} \qquad (6.3)$$

hierbei bedeuten:

r_p - Anteil der reflektierten Strahlung, die in der Einfallsebene polarisiert wird

r_s - derjenige Anteil, der senkrecht zur Einfallsebene polarisiert wird.

Bei den Berechnungen kann der Verlust durch Reflexion an Kittflächen stets ganz vernachlässigt werden, da der Brechungsindex sich dann nur um wenige Prozente von 1 unterscheidet; selbst wenn die beiden Mittel um 10 % verschiedene Brechungskomponenten gegen Luft haben, so unterscheidet sich $\dot{W}$ gegenüber $\dot{W}_O$ nur um 0,1 %.

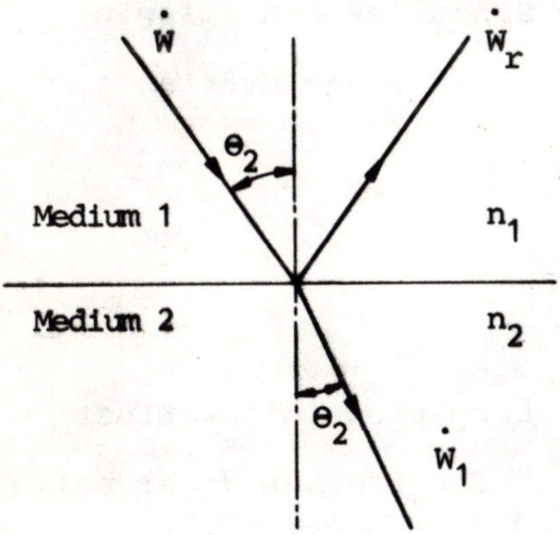

Abb. 6.1: Snelliusches Brechungsgesetz. Den Winkel, den der einfallende bzw. gebrochene Strahl mit der Normalen bildet, nennen wir den Einfalls θ_1- bzw Brechungswinkel θ_2

Die Abhängigkeit von r_p und r_s vom Einfallswinkel ist für eine Brechungszahl von $n = 1,5$ der Abb. 6.2 zu entnehmen. Man erkennt, daß vom senkrechten Einfall (Einfallswinkel $\theta_1 = 0^O$) an r_s zum Polarisationswinkel (bei diesem Winkel beginnt die Polarisation der Strahlung) beständig abnimmt und die Zunahme von r_p nahezu ausgleicht, so daß der Mittelwert, der gesamte Reflexionsverlust für einfallende natürliche Sonnenstrahlung, von $\theta_1 = 0$ bis etwa $\theta_1 = 50^O$ nur geringe Veränderung zeigt.

Einfalls- bzw. Brechungswinkel $\theta_{1,2}$ sind mit der Brechungszahl $n_{1,2}$ durch das Snelliusche Brechungsgesetz eng verbunden.

$$n_1 . \sin \Theta_1 = n_2 . \sin \Theta_2 \qquad (6.4)$$

Das besagt: Beim Übertritt einer monochromatischen Strahlung von einem optischen Mittel in ein anderes bleibt das Produkt aus Brechungszahl und dem Sinus des Einfallswinkels erhalten. Das Produkt $n . \sin \Theta$ ist eine Invariante.

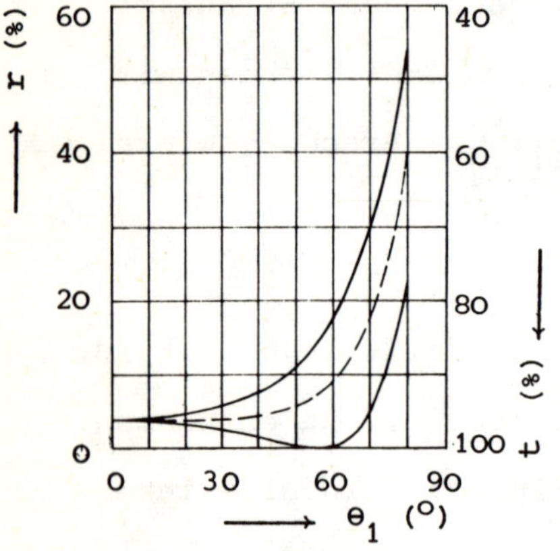

Abb. 6.2: Der Spiegelungsverlust am Glas von der Brechungszahl n=1,5 in seiner Abhängigkeit vom Einfallswinkel Θ_1. Untere ausgezogene Kurve: r_s. Obere ausgezogene Kurve: r_p. Mittlere gestrichelte Kurve: r

Tritt ein Lichtstrahl aus Luft (Brechungszahl n = 1) auf ein optisches Mittel von der Brechungszahl n, das eine ebene Begrenzungsfläche besitzt (z.B. Abdeckung eines Flachsonnenkollektors) so vereinfacht sich das Snelliusches Brechungsgesetz.

$$n = \frac{\sin \Theta_1}{\sin \Theta_2} \qquad (6.5)$$

Das Verhältnis, gebildet aus dem Sinus des Einfallswinkels durch den Sinus des Brechungswinkels, ist für ein und dieselbe Strahlung konstant, d.h. unabhängig von der Größe des Einfallswinkels. Dieses Verhältnis ist gleich der Brechungszahl (im Falle des Sonnenkollektors der Brechungszahl der Abdeckung).

Für den Einfallswinkel $\Theta_1 = 0$, also für die einfallende Strahlung in der Normalenrichtung, ist auch der Brechungswinkel $\Theta_2 = 0$, und die Gleichung (6.2) vereinfacht sich zu:

$$r = \frac{\dot{W}_r}{\dot{W}} = \left(\frac{(n_1 - n_2)}{(n_1 + n_2)}\right)^2 \qquad (6.6)$$

Ist eines von beiden Medien die Luft, also für $n_1 = 1$, erhält man:

$$r = \left(\frac{(n - 1)}{(n + 1)}\right)^2 \qquad (6.7)$$

<u>Beispiel</u>: Der Reflexionsgrad für ein Glas mit der durchschnittlichen Brechungszahl in dem Bereich des solaren Spektrums von $n = 1{,}526$ ist zu berechnen.

<u>Lösung</u>: Für die einfallende Strahlung in der Normalenrichtung (Einfallswinkel $\Theta_1 = 0^\circ$)

$$r_{(0)} = \left(\frac{1{,}526 - 1}{1{,}526 + 1}\right)^2 = 0{,}0434 = 4{,}34\ \%$$

Für einen Einfallswinkel von 60°, Gl.(6.5) ergibt sich ein Brechungswinkel:

$$\Theta_2 = \text{arc sin } (\frac{\sin \Theta_1}{n}) = \text{arc sin } (\frac{\sin 60}{1,526}) = 34,57^\circ$$

und weiterhin für diesen Einfallswinkel der Reflexionsgrad aus der Gl.(6.2)

$$r_{(60)} = \frac{1}{2} . (\frac{\sin^2(34,57 - 60)}{\sin^2(60 + 34,57)} + \frac{tg^2(34,57 - 60)}{tg^2(60 + 34,57)}) =$$

$$= \frac{1}{2} .(0,1855 + 0,00144) = 0,093 = 9,3\ \%$$

Die Abhängigkeit $\dot{W}_r/\dot{W}$ von der Brechungszahl gegenüber Luft (streng genommen gegenüber dem Vakuum) ist in der Abb.6.3 dargestellt. Man spricht von den Spiegelungsverlusten.

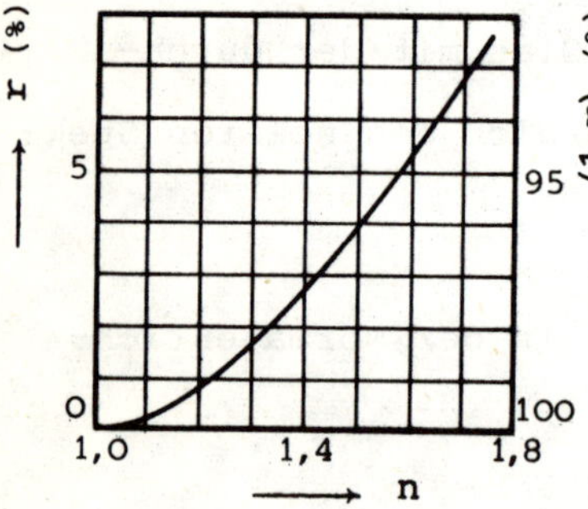

Abb. 6.3: Der Spiegelungsverlust bei senkrechtem Einfall in Abhängigkeit von der Brechungszahl n des Glases

6.2 DER VORGANG INNERHALB DER TRANSPARENTEN ABDECKUNG

6.2.1 Die Schärfe des Überganges von der partiellen zur totalen Reflexion

Für die technische Praxis auf dem Gebiet der Ausnutzung der Sonnenenergie spielt die totale Reflexion eine sehr große Rolle. Überschreitet der Einfallswinkel eine gewisse Größe, wird die direkte Sonnenstrahlung von der Abdeckfläche des Sonnenkollektors total reflektiert. Der Übergang zwischen der partiellen und totalen Reflexion ist scharf. Diese Tatsache hilft der physikalischen Praxis bei der Ermittlung der Brechungszahl. Zur Beurteilung der Schärfe dieses Überganges kann man die Fresnellschen Reflexionsformeln benutzen, indem man sie auf die Reflexion im dichteren Mittel anwendet, also unter Θ_1 den Einfallswinkel, unter Θ_2 den größeren Austrittswinkel im dünneren Mittel versteht, das Brechungsgesetz also in der Form

$$\frac{1}{n} = \frac{\sin \Theta_1}{\sin \Theta_2}$$

ansetzt, siehe Abb. 6.4. Die Abbildung 6.5 veranschaulicht den Verlauf des Reflexionsgrades für Glas von der Brechungszahl n = 1,5.

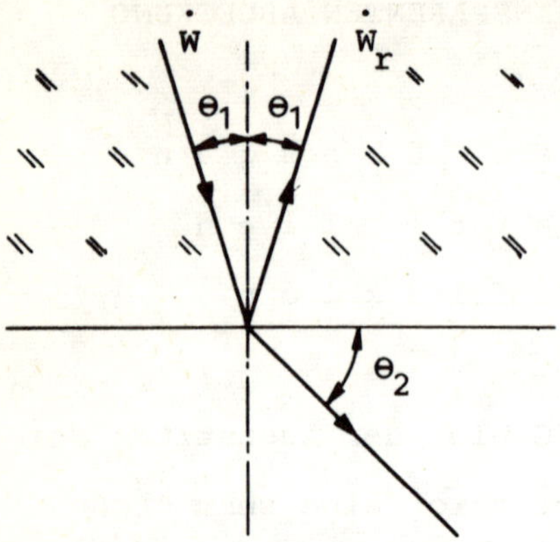

Abb. 6.4: Zu der Ableitung des Grenzwinkels der totalen Reflexion

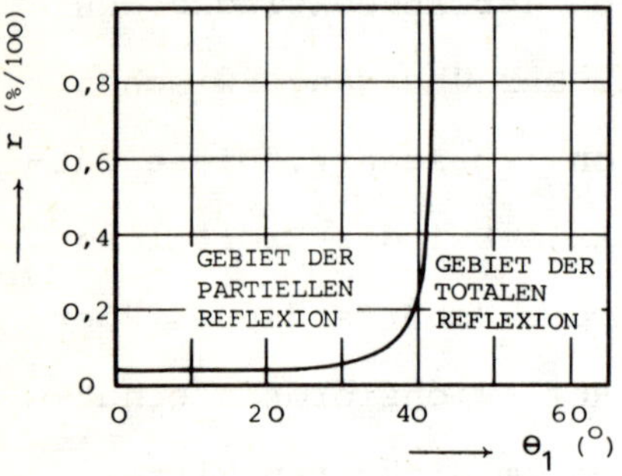

Abb. 6.5: Abhängigkeit des Reflexionsgrades r vom Einfallswinkel θ_1 für das Glas von der Brechungszahl $n = 1,5$. Gilt für die im Glas reflektierte Strahlung

Die Übergangsgrenze von der partiellen zur totalen Reflexion läßt sich mit der Gl. (6.8) berechnen.

$$\sin \theta_T = \frac{1}{n}$$

also

$$\theta_T = \arc \sin \frac{1}{n} \qquad (6.8)$$

Beispiel: Die Grenze der totalen Reflexion innerhalb der Glasscheibe mit dem Brechungszahl $n = 1,526$ ist zu berechnen.

Lösung:

$$\Theta_T = \text{arc sin} \frac{1}{1,526} = 40,94^\circ$$

6.2.2 Die mehrfache Reflexion in der transparenten Schicht

Die fortschreitende Reflexion und Transmission in einer transparenten Schicht bei einer vernachlässigbaren Absorption ist in Abb.6.6 veranschaulicht. Man redet von der partiellen Transmission, die durch die Reflexion bedingt ist. Die Ableitung ist durchgeführt für den einfallenden Strahlungsfluß $\dot{W} = 1$. Für n-Durchgänge ergibt sich:

$$t_r = (1 - r)^2 . \sum_{n=0}^{\infty} r^{2n} = \frac{(1 - r)^2}{(1 - r^2)} = \frac{1 - r}{1 + r} \qquad (6.9)$$

Für ein System mit m-Schichten (z.B. zweifache oder dreifache Abdeckung von Sonnenkollektoren) folgt dann allgemein.

$$t_r = \frac{(1 - r)}{1 + (2m - 1).r} \qquad (6.10)$$

Diese Gleichung gilt für beide Polarisationsebenen, mit anderen Worten für beide Komponenten der Polarisation, p und s.

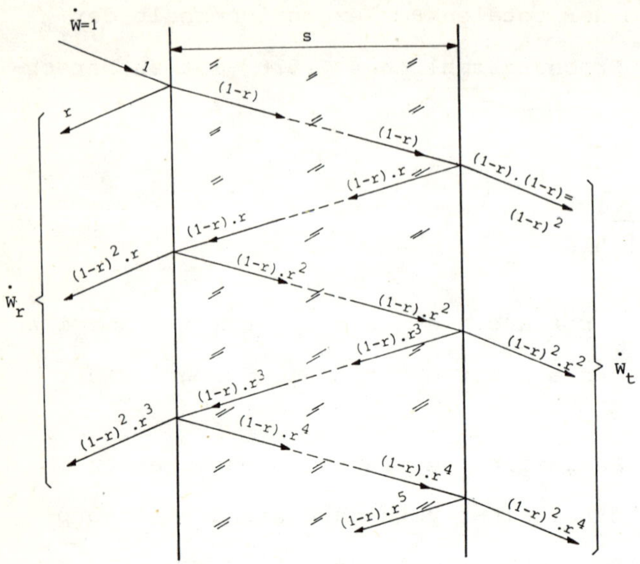

Abb. 6.6: Die fortschreitende Reflexion und Transmission in einer transparenten Schicht. Hierbei ist das Absorptionsvermögen $a = 0$

Beispiel: Der partielle Transmissionsgrad für die zweifache Abdeckung des Sonnenkollektors ist zu berechnen. Brechungszahl der Glasabdeckscheibe ist $n = 1,526$. Die Berechnung soll für den Einfallswinkel $\Theta_1 = 0$ und 60° durchgeführt werden.

Lösung: E i n f a l l s w i n k e l $\Theta_1 = 0^\circ$.

Reflexionsvermögen aus der Gl.(6.7): $r_{(\Theta_1=0)} = 0{,}043 = 4{,}34$ %

Mit der Gl.(3.10) erhält man:

$$t_{r(m=2),(\Theta_1=0)} = \frac{1 - 0{,}043}{1 + (2.2 - 1).0{,}043} = 0{,}85 = 85\ \%$$

E i n f a l l s w i n k e l $\Theta_1 = 60^\circ$.

Der Transmissionsgrad (Transmissionsvermögen) ist der Durchschnittswert aus den beiden Transmissionsgraden in den Polarisationsebenen p und s. Aus den Gl. (6.3) und (6.10):

$$t_r = \frac{t_p + t_s}{2} = \frac{1}{2} \cdot \left(\frac{(1 - r_p)}{1 + (2n - 1) \cdot r_p} + \frac{(1 - r_s)}{1 + (2n - 1) \cdot r_s} \right)$$

Aus der Gl. (6.2) werden die Transmissionsgrade berechnet zu:

$r_p = 0{,}1855 = 18{,}55\ \%$ und $r_s = 0{,}00144 = 0{,}144\ \%$

In die Gl. (6.10) und (6.3) eingesetzt:

$$t_{r(n=2),(\Theta_1=60^\circ)} = \frac{1}{2} \cdot \left(\frac{1 - 0{,}185}{1 + (2.2 - 1) \cdot 0{,}185)} + \frac{1 - 0{,}00144}{1 + (2.2 - 1) \cdot 0{,}00144} \right) = 0{,}76 = 76\ \%$$

Für die einfache bis vierfache Abdeckung von Sonnenkollektoren mit den Glasscheiben von der Brechungszahl $n = 1{,}526$ kann man den Gesamttransmissionsgrad aus der Abb. 6.7 ablesen. Die Absorption haben wir dabei vernachlässigt.

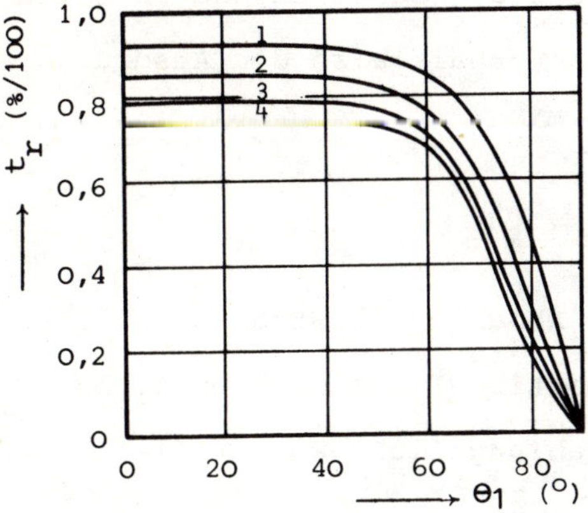

Abb. 6.7: Der partielle Gesamttransmissionsgrad t_r der ein- bis vierfachen Abdeckung von Sonnenkollektoren. Brechungszahl $n = 1{,}526$, Absorptionsgrad ist mit $a = 0$ angenommen

6.2.3 Die Strahlungsabsorption in den partiell-transparenten Medien

Es mögen zunächst die Begriffe Extinktion und Absorption so formuliert werden, wie sich auf der Grundlage der vorstehenden Theorie der Strahlungsausbreitung in der Materie ergeben. Danach soll unter Extinktion die allmähliche Auslöschung der Strahlung verstanden werden, unter Absorption die Wirkung, die diese Auslöschung auf die fortschreitende Welle in Gestalt der Verminderung ihrer Amplitude ausübt. Weitere Beschreibung findet man in L (6).

Fällt auf einen Körper ein gewisser Strahlungsfluß, so wird zunächst ein Anteil $\dot{W}_r = r.\dot{W}$ reflektiert. Der Rest $\dot{W}_O$ dringt in den Körper ein. Nach Durchsetzen einer Schicht von der Dicke s ist nur noch die Intensität $\dot{W}_s$ vorhanden. Nach dem Bouger-Lambertschen Gesetz wächst die absorbierte Energie in geometrischer Progression, wenn die Schichtdicke in arithmetischer Progression wächst. Man erhält also den Ausdruck:

$$-d\dot{W} = K.\dot{W}.ds \qquad (6.11)$$

Diese Gleichung besagt, daß die Abnahme des Strahlungsflußes (der Strahlungsintensität) proportional dem kleinen durchstrahlten Wege ds und dem Strahlungsfluß $\dot{W}$ ist. Gl. (6 .11) ist das Grundgesetz der Absorption. Man kann sie auch schreiben:

$$-\frac{d\dot{W}}{\dot{W}} = K.ds \qquad (6.12)$$

Hier ist $-(d\dot{W}/\dot{W}).100$ die Abnahme des Strahlungsflusses in Prozent. Diese Abnahme ist nach Gl. (6.12) bei gleichen Wegen allein von der Absorptionszahl K abhängig und ihr proportional. Die bestimmte Integration ergibt sich aus der Bedingung, daß für s=O der Strahlungsfluß $\dot{W}$ gleich dem Anfangsstrahlungsfluß $\dot{W}_O$ ist, also

$$-\int_{\dot{W}_O}^{\dot{W}_s} \frac{d\dot{W}}{\dot{W}} = K.\int_0^s ds \text{ , und damit } -(\ln \dot{W}_s - \ln \dot{W}_O) = K.s$$

und

$$\ln\frac{\dot{W}_O}{\dot{W}_s} = K.s \qquad \text{oder} \qquad \frac{\dot{W}_O}{\dot{W}_s} = e^{K.s}$$

Der partielle Transmissionsgrad, der durch die Strahlungsabsorption in transparenten Medien bedingt ist:

$$t_a = \frac{\dot{W}_s}{\dot{W}_O} = e^{-K.s} \qquad (6.13)$$

Mit Gl. (6.13) kann auch der Absorptionskoeffizient a für die Schichtdicke s bestimmt werden; es ist:

$$a = \frac{\dot{W}_O - \dot{W}_s}{\dot{W}_O} = 1 - e^{-K.s} \qquad (6.14)$$

Die Erfahrung hat dieses Absorptionsgesetz in vollem Umfang bestätigt. Die Benennung der Größe k wechselt. Sie wird als Absorptionskonstante, Extinktionskoeffizient oder Absorptionskoeffizient und bei der dekadischen Form vielfach als Bunsenscher oder dekadischer Extinktionskoeffizient usw. bezeichnet.

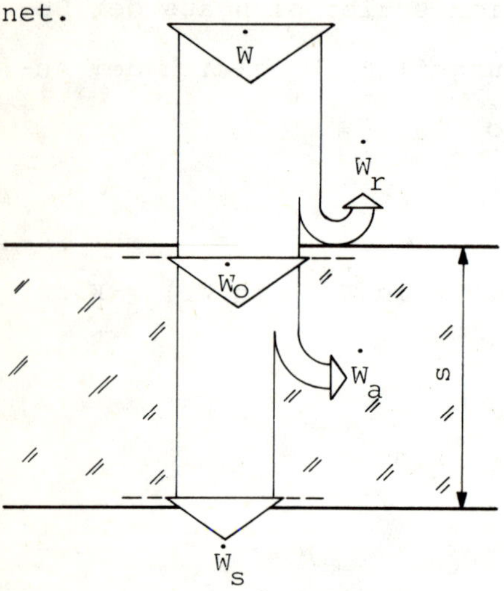

Abb. 6.8: Zu der Strahlungsabsorption in den partiell-transparenten Medien

D e r g e s a m t e T r a n s m i s s i o n s g r a d (weiter nur: der Transmissionsgrad) eines transparenten Mediums ist das Produkt aus den beiden partiellen Transmissionsgraden.

$$t = t_r . t_a \qquad (6.15)$$

Diese Gleichung gilt nur unter der Voraussetzung, daß das

Produkt aus (K.s) klein ist, d.h. t_a nicht viel von 1 abweicht.Eine kleine Abweichung kann bei den Berechnungen der Sonnenkollektoren in Kauf genommen werden.

<u>Beispiel</u> :Der gesamte Transmissionsgrad für die zweifache Abdeckung von Sonnenkollektoren ist zu berechnen. Jede Glasscheibe ist 2,3 mm dick. Die Brechungszahl n=1,526, Extinktionskoeffizient $K = 1{,}61.10^1$ 1/m. Die ganze Berechnung soll für den Einfallswinkel $\Theta_1 = 0$ und 60° gemacht werden.

<u>Lösung</u>:

E i n f a l l s w i n k e l $\Theta_1 = 0^\circ$

Für $s = 2{,}3.10^{-3}$ m und $K = 1{,}61.10^1$ 1/m beträgt der partielle Transmissionsgrad t_a, der durch die direkte Absorption der Strahlung in den Glasscheiben verursacht ist, für die zweifache Abdeckung nach Gl.(6 .13)

$$t_a = e^{-2.K.s} = e^{-2.1{,}61.10^1.2{,}3.10^{-3}} = 0{,}93 = 93\ \%$$

dabei das Produkt

$$K.s = 1{,}61.10^1.2{,}3.10^{-3} = 0{,}0370$$

Der partielle Transmissionsgrad t_r, der durch die Reflexion der Strahlung an und in den Glasscheiben verursacht wird, beträgt $t_r = 0{,}85$ (Gl. (6 .10), s. Beispiel Seite 58).

Der gesamte Transmissionsgrad aus der Gl.(6.15)

$$t = t_{r(\Theta_1=0^\circ),(n=2)} \cdot t_{a(\Theta_1=0^\circ),(n=2)} = 0{,}85.0{,}93 = 0{,}79$$

$$t = 79\ \%$$

E i n f a l l s w i n k e l $\theta_1 = 60^o$

Für den Einfallswinkel $\theta_1 = 60^o$ beträgt der Brechungswinkel $\theta_2 = 34{,}57^o$ (aus der Gl.(6.5)). Der Strahl in jeder Glasscheibe muß den Weg $s' = s/\cos\theta_2$ absolvieren, s. Abb. 6.9.

$$t_a = e^{-2.K.s/\cos\theta_2} = e^{-2.0{,}0370/\cos 34{,}57} = 0{,}91 = 91\ \%$$

und der gesamte Transmissionsgrad für den schon vorausberechneten $t_{r(\theta_1=60^o)} = 0{,}76$

$$t = t_{r(\theta_1=60^o),(n=2)} \cdot t_{a(\theta_1=60^o),(n=2)} = 0{,}76.0{,}91 =$$

$$= 0{,}69 = 69\ \%$$

Der gesamte Transmissionsgrad t für die ein- bis vierfache Abdeckung von Sonnenkollektoren in der Abhängigkeit von dem Einfallswinkel θ_1 für eine Glasart zeigt Abb. 6.10. Das Produkt (K.s) gilt für jede einzelne Glasscheibe. Brechungszahl n = 1,526.

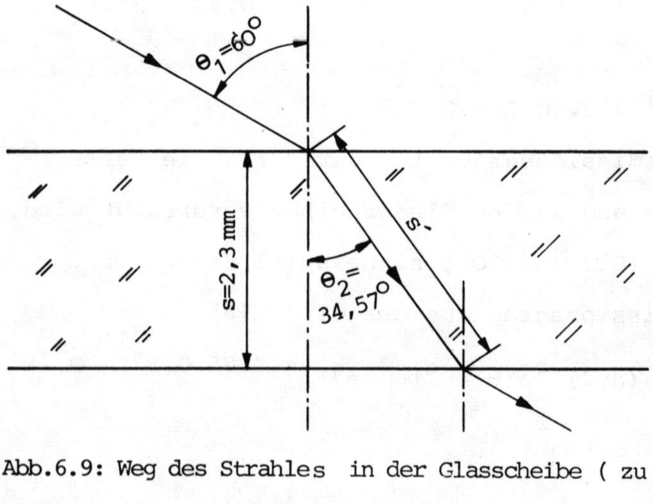

Abb.6.9: Weg des Strahles in der Glasscheibe (zu dem Beispiel)

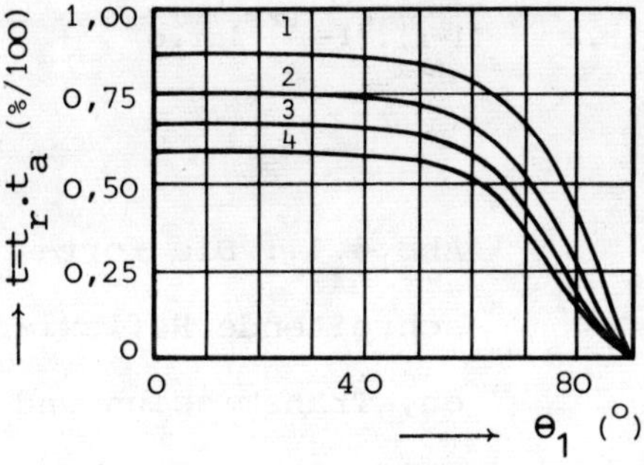

Abb.6.10: Der gesamte Transmissionsgrad t für ein,- bis vierfache Abdeckung von Sonnenkollektoren in der Abhängigkeit von dem Einfallswinkel Θ_1

6.2.4 Die Wechselwirkung zwischen der Reflexion, Transmission und Absorption bei transparenten Schichten

Für die technische Praxis in dem Bereich der Solartechnik ist es wichtig zu wissen, wie groß eigentlich der Anteil der Sonnenstrahlung ist, der die teils transparente und teils absorbierende Abdeckungsschicht durchdringt. Folgende Ableitung tritt der Problematik näher (dazu die Abb.6.11).

Für den reflektierten $\dot{W}_r$-, durchgelassenen $\dot{W}_t$- und absorbierten $\dot{W}_a$- Wärmefluß lassen sich folgende Reihen entwikkeln:

$$\dot{W}_r=\dot{W}.(r+(1-r)^2.r.e^{-2Ks}+(1-r)^2.r^3.e^{-4Ks}+.....)$$

$$\dot{W}_t=\dot{W}.((1-r)^2.e^{-Ks}+(1-r)^2.r^2.e^{-3Ks}+(1-r)^2.r^4.e^{-5Ks}+....)$$

$$\dot{W}_a=\dot{W}.((1-r)-(1-r).e^{-Ks}-(1-r).r.e^{-Ks}-(1-r).r.e^{-2Ks}+(1-r).r^2.e^{-2Ks}-$$

$$-(1-r).r^2.e^{-3Ks}+....)=$$

$$=\dot{W}.((1-r).(1-e^{-Ks})+(1-r).(1-e^{-Ks}).r.e^{-Ks}+(1-r).(1-e^{-Ks}).r^2.e^{-2Ks}+$$

$$(1-r).(1-e^{-Ks}).r^3.e^{-3Ks}+....)$$

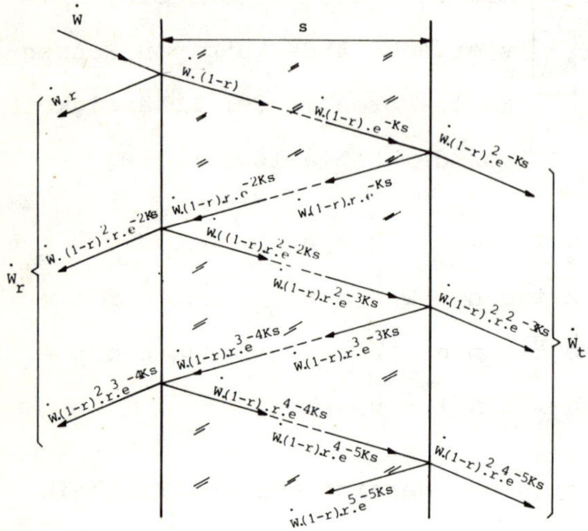

Abb.6.11: Die fortschreitende Reflexion, Transmission und Absorption in einer transparenten Schicht

Für unendlich viel Durchgänge erhält man nach der Addition aus den einfachen unendlichen Reihen:

$$r_\infty = \frac{\dot{W}_r}{\dot{W}} = r + \frac{(1-r)^2.r.e^{-2K.s}}{1-r^2.e^{-2K.s}} \qquad (6.16)$$

$$t_\infty = \frac{\dot{W}_t}{\dot{W}} = \frac{(1-r)^2.e^{-K.s}}{1-r^2.e^{-2K.s}} \qquad (6.17)$$

$$a_\infty = \frac{\dot{W}_a}{\dot{W}} = (1-r).\frac{1-e^{-K.s}}{1-r.e^{-K.s}} \qquad (6.18)$$

Nach der Addition ergibt sich der bekannte Ausdruck

$$r_\infty + a_\infty + t_\infty = 1 \qquad (6.19)$$

der besagt, daß die einfallende Strahlung entweder reflektiert, absorbiert oder durchgelassen wird.

Aus dem allgemeinen Ausdruck für den Transmissionsgrad der teils transparenten Schicht erhält man den schon früher abgeleiteten Ausdruck für $K = 0$; siehe Gl. (6.9):

$$t = \frac{1 - r}{1 + r}$$

<u>Beispiel</u>: Aus einem Diagramm haben wir für die zweifache Abdeckung des Sonnenkollektors und den Einfallswinkel $\Theta_1 = 0^o$ abgelesen, daß der Absorptionsgrad $a = 7{,}2\ \%$ beträgt. Extinktionskoeffizient $K = 16{,}1\ 1/m$. Die Schichtdicke einer Abdeckung s ist zu berechnen.

<u>Lösung</u>: Aus der Gl. (6.14) folgt:

$$a = 1 - e^{-K.2s} \quad \Rightarrow \quad \frac{1}{1 - a} = e^{2K.s} \quad \Rightarrow$$

$$\Rightarrow \ln \frac{1}{1 - a} = 2K.s \Rightarrow$$

$$s = \frac{\ln \frac{1}{1 - a}}{2K} = \frac{\ln \frac{1}{1 - 0{,}072}}{2.\ 1{,}61.10^{1}} = 2{,}32.10^{-3}\ \text{m}$$

Die Abdeckung ist 2,32 mm dick.

6.2.5 Spektrales Transmissionsvermögen

Die große Mehrheit transparenter Materialien, die für die Abdeckung von Sonnenkollektoren Verwendung finden, sind selektiv transparent.Das Reflexionsvermögen hängt ebenfalls von der Wellenlänge ab. Bei manchen Glasarten ändert sich der Absorptionsgrad, bzw. der partielle Transmissionsgrad sprunghaft. Man spricht von der sogenannten "öffnenden" und "schließenden" Kante des jeweiligen optischen Materials. Diese Eigenschaft erleichtert uns verschiedene Berechnungen. Die Abbildungen 6.12 bis 6.15 zeigen die Abhängigkeit des partiellen Reflexionsgrades $t_{r\lambda}$ von der Wellenlänge λ der einfallenden Strahlung unter dem Einfallswinkel $\Theta_1 = 0^o$. Diese Abbildungen mögen zeigen, welchen Einfluß die chemische Zusammensetzung und die Stärke des Materials haben.

Generell kann man sagen, daß die öffnende Kante bei den meisten Gläsern zwischen 0,26 bis 0,34 µm liegt und die Steilheit von diesen Kanten $S = dt_a/d\lambda$ (t_a in %/100, $d\lambda$ in µm) $S \doteq 20$ beträgt.

Bei Glas zeigen die Transmissionskurven beträchtliche Unterschiede in der Abhängigkeit von dem verwendeten Farbstoff und von der chemischen Zusammensetzung bis zu einer Grenze von 5 µm. Darüber hinaus bleiben sie für die meisten Glassorten mit wenigen Ausnahmen annähernd gleich. Hierzu zählen z.B. Glas auf der Basis des PbO.TeO2, das bis zur Grenze von 5,6 µm reicht, oder As2S3, welches bis zu der Durchlässigkeitsgrenze von 9 µm reicht, und sogar Glas auf der Basis von Selenium, angereichert mit Arsenik Se(As) und amorphes Selenium Se bis zu der Grenze von 17,5 µm. Hinter dieser erwähnten Grenze von 5 µm, deckt sich die Kennkurve der Abhängigkeit der monochromatischen spezifischen Ausstrahlung von der Wellenlänge für Glas, mit der Kennkurve für einen "Schwarzen" Körper. Die Kritik an den Herstellungskosten solcher Ausnahmefälle sollte sich erübrigen.

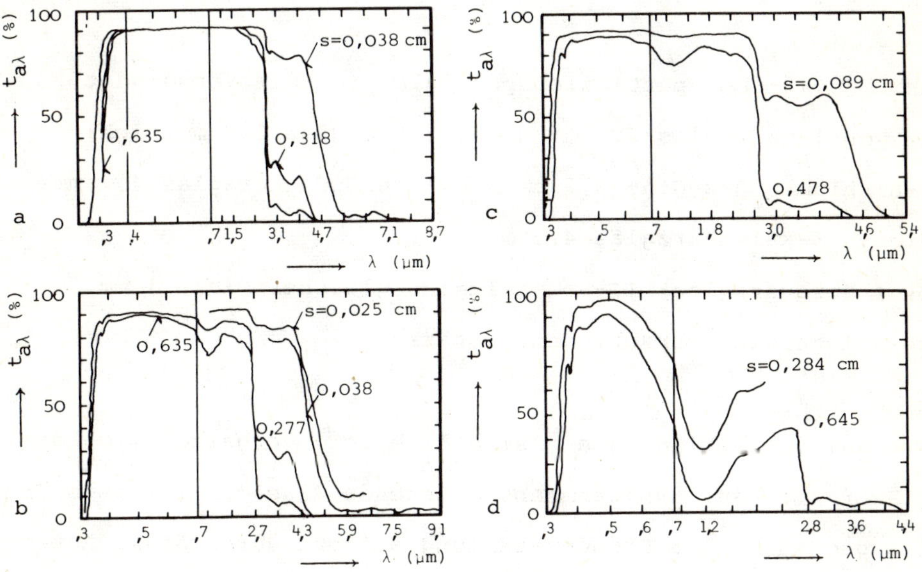

Abb. 6.12: Der spektrale partielle Transmissionsgrad $t_{a\lambda}$ von Glas : a) 0,02 % Fe2O3; b) 0,1 % Fe2O3; c) 0,15 % Fe2O3; d) 0,5 % Fe2O3. Einfallswinkel $\Theta_1 = 0^{o}$

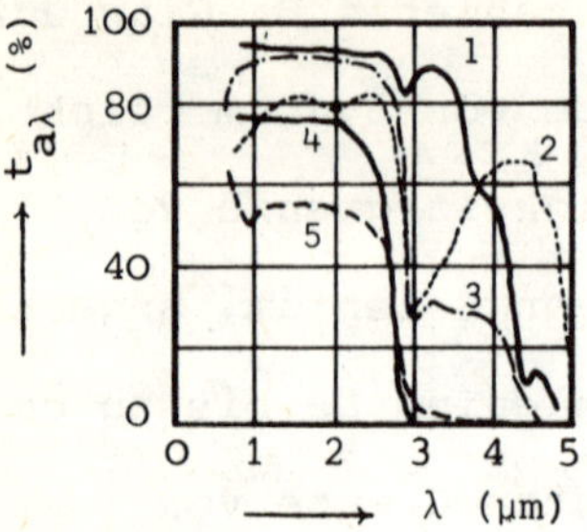

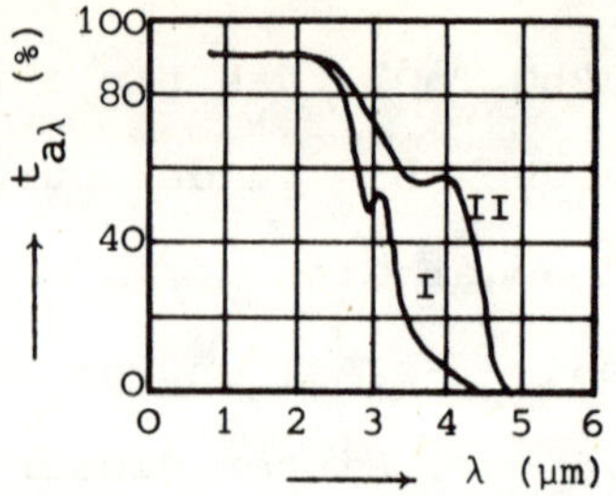

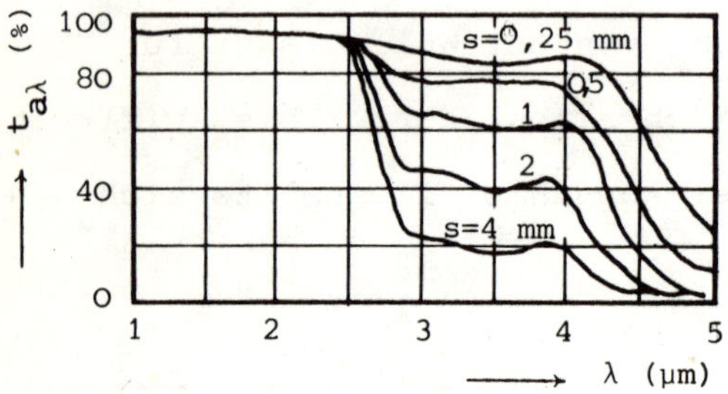

Einfallswinkel der einfallenden Strahlung $\theta_1 = 0^o$.

Abb. 6.13: Der partielle spektrale Transmissionsgrad $t_{a\lambda}$

a) von 1-Quarzglas 2,9 mm dick; 2-Bleiglas 2,8 mm dick; 3-Lithium Quarz-Glas 5,7 mm dick; 4-Sodaquarzglas 4,7 mm dick; 5-Kalkquarzglas 4,5 mm.

b) I-Borquarzglas; II-Sodakalkglas gleicher Dicke 1 mm.

c) Spiegelglas verschiedener Stärke

Wie aus den Abbildungen ersichtlich ist, verhalten sich die Gläser (bis auf das wärmeabsorbierende Glas) in gewissen Grenzen gegenüber der Sonnenstrahlung als gut durchlässig. Außerhalb dieses Bereichs wird, wie schon erwähnt, die auffallende Strahlung vollkommen absorbiert. Diese Eigenschaften werden später in einigen Beispielen abgehandelt.

P l a s t i k - F o l i e n weisen gegenüber Glas grundsätzlich eine höhere Durchlässigkeit für das Sonnenspektrum auf. Sie absorbieren UV-Strahlung ebenso wie Glas, jedoch unter erheblichen Qualitätseinbusen.

Polyäthylen weist die größte Transmission auf. Für die globale und auch für die diffuse, aus allen Richtungen kommende Sonnenstrahlung beträgt der Gesamttransmissionsgrad t = 90 %. Für die von der Oberfläche des Sonnenkollektors ausgehende Strahlung beträgt t = 80 %.

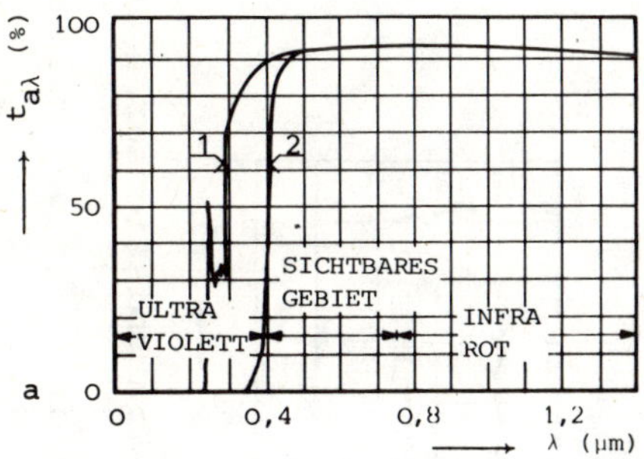

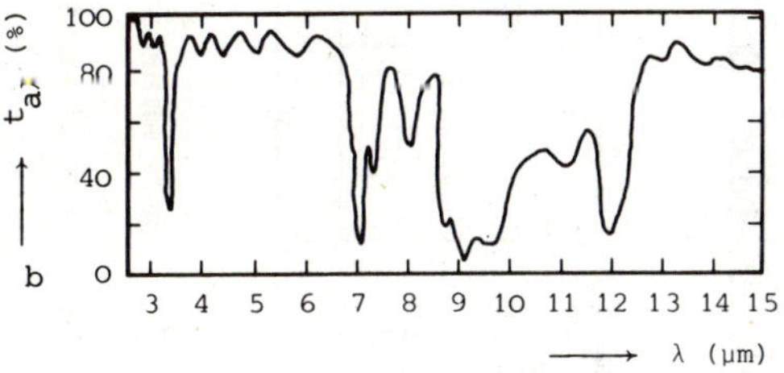

Abb. 6.14: Der partielle spektrale Transmissionsgrad $t_{a\lambda}$ von Polyvinyl-Fluorid-Folie "TEDLAR" nach L(25)

a) von 1-"TEDLAR" PVF-Film Typ 100 BG 30 TR; 2-"TEDLAR" PVF-Film Typ 100 BG,15 UT, ultraviolett-absorbierend

b) Für beide Folientypen in dem Wellenlängenbereich von λ=2,5 bis 15 μm

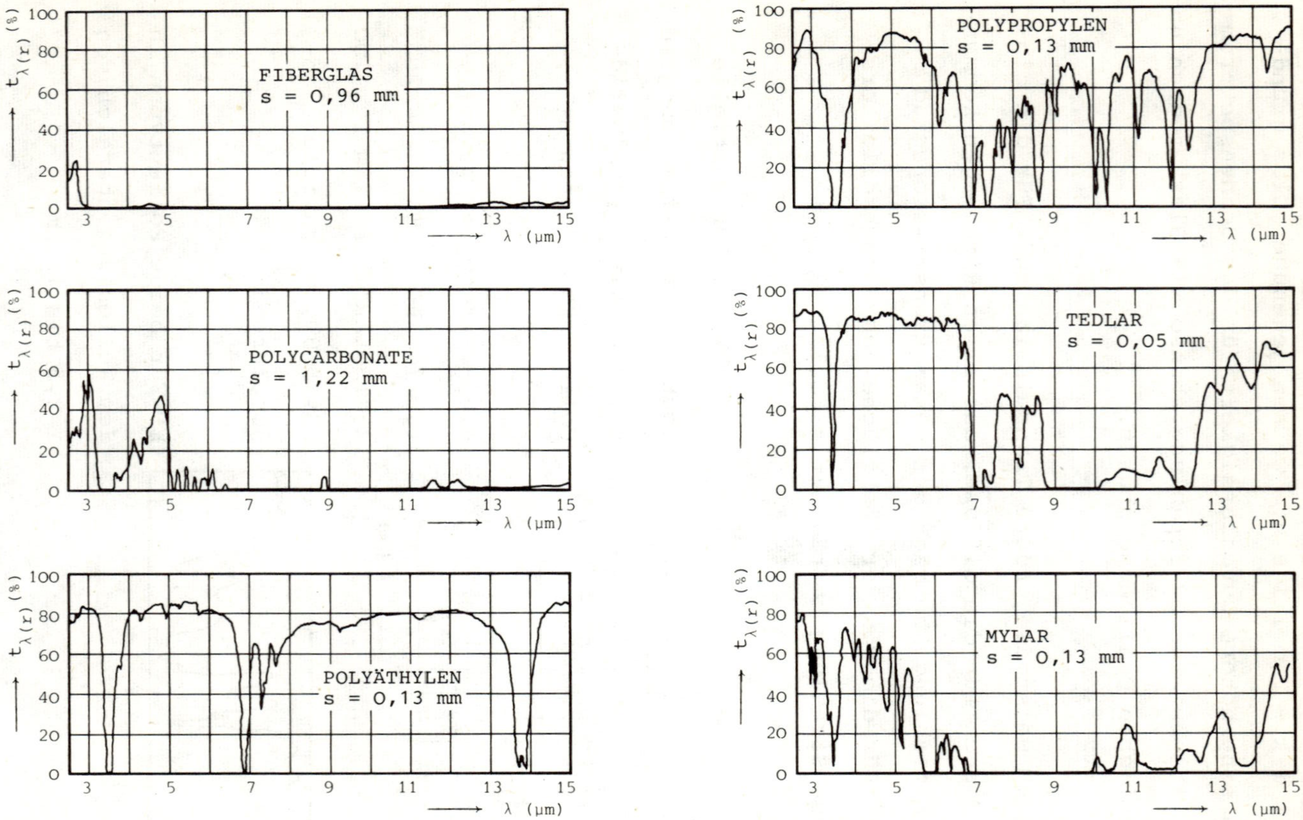

Abb. 6.15: Der spektrale Transmissionsgrad $t_{\lambda(r)}$ in % von einigen Kunstoffabdeckfolien bei der Stärke s in mm in dem Wellenlängenbereich $\lambda = 2{,}5$ bis 15 µm. Die Kurven beinhalten schon die Reflexion

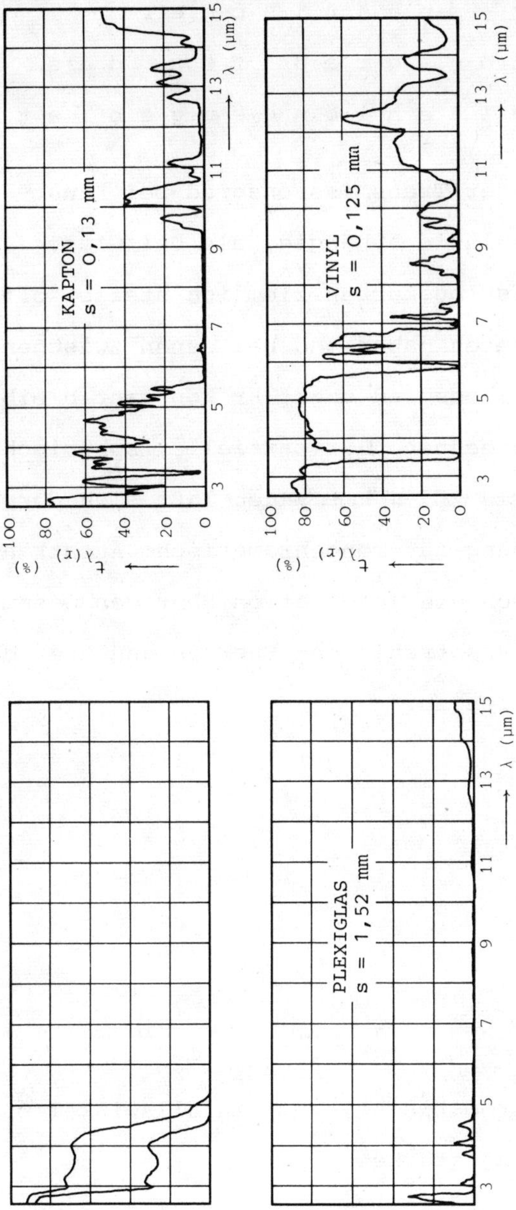

Abb.6.15: Fortsetzung

6.2.6 Partieller sphärischer Transmissionsgrad für das gesamte Wellenlängengebiet

Allgemein betrachtet, ist der Transmissionsgrad bei Kunststoffen mehr von der Wellenlänge abhängig, als bei Glas. Bei Gläsern, deren Transmissionskurven ziemlich steile "öffnende" und "schließende Kanten haben und bei denen zwischen diesen Kanten der Transmissionsgrad ungefähr konstant bleibt, läßt sich dieser leicht berechnen. Der partielle, sphärische Transmissionsgrad für das gesamte Wellenlängengebiet läßt sich durch die Entwicklung der Gleichung für monochromatische Ausstrahlung eines Körpers und durch die Integration über den Gesamtbereich des Spektrums der ausstrahlenden Energie und über den Halbraum allgemein darstellen zu:

$$t = \frac{\int_{\bigtriangleup}\int_{0}^{\infty} t_\lambda \cdot \dot{w}_\lambda \cdot d\lambda \cdot d\Omega}{\int_{\bigtriangleup}\int_{0}^{\infty} \dot{w}_\lambda \cdot d\lambda \cdot d\Omega} \qquad (6.20)$$

Hierbei:

$\dot{w}_\lambda$ spezifische, monochromatische, vom Einfallswinkel Θ_1 abhängige Bestrahlungsstärke

Ω Raumwinkel

Diese Gleichung gilt unter der Voraussetzung, daß der Absorptionsgrad der Absorberplatte $a_{Ae} = 1$ ist. Falls $a_{Ae} = f(\lambda)$

ist, dann gilt die Gl.(6.21)

$$t = \frac{\int\limits_{\Omega}\int\limits_{0}^{\infty} t_{\lambda} \cdot a_{A\lambda} \cdot \dot{w}_{\lambda} \cdot d\lambda . \; d\Omega}{\int\limits_{\Omega}\int\limits_{0}^{\infty} \dot{w}_{\lambda} \cdot d\lambda . \; d\Omega} \qquad (6.21)$$

Dabei müßten sämtliche Werte, die in Frage kämen, als wellenlängenabhängig eingesetzt werden: n_{λ}, K_{λ}, und daraus resultierende: $t_{a\lambda}$, r_{λ}, $t_{r\lambda}$ und t_{λ}, wie wir es schon früher abgeleitet haben.

Es ist unwahrscheinlich, daß eine derartige Berechnung für ein Sonnenkollektorsystem notwendig ist, da der Fehler bei eventuellem Gebrauch von Gl.(6.21) und Gl.(6.28) sehr klein ist, wenn a_{Ae} nahe 1 ist und wenn durch Oberflächenbehandlung eine Reflexionsminderung erzielt ist.

6.2.7 Prozentsatz der Sonnenstrahlung im gewissen Wellenlängenbereich

Nach L(8) läßt sich der Prozentsatz D_{λ} des vom "Schwarzen" Körper ausgestrahlten Wärmeflusses der auf Wellenlängen kleiner als λ fällt, aus der Gl.(6.24) für $\nu \leqq 2$ und aus der Gl.(6.25) für $\nu \geqq 2$ berechnen.

Hier ist

$$\nu = \frac{C_2}{\lambda . T} \qquad (6.22)$$

mit der Strahlungskonstante $C_2 = 1{,}43879.10^{-2}$ in m.K, λ in m.

Allgemein:

$$D_\lambda = \int_0^\lambda \frac{\dot{W}(\lambda, T, S)}{\sigma . T^4} . d\lambda = \frac{\dot{W}_{0-\lambda}}{\dot{W}_{0-\infty}} \qquad (6.23)$$

Für $\nu \leqq 2$

$$D_\lambda = 1 - \frac{15}{\pi^4} . \nu^3 . \left(\frac{1}{3} - \frac{\nu}{8} + \frac{\nu^2}{60} - \frac{\nu^4}{5040} + \right.$$

$$\left. + \frac{\nu^6}{272160} - \frac{\nu^8}{13305600}\right) \qquad (6.24)$$

Für $\nu \geqq 2$

$$D_\lambda = \frac{15}{4} . \sum_{m=1,2,..} \frac{e^{-m.\nu}}{m^4} . (((m.\nu + 3).m.\nu + 6).m.\nu + 6)$$

$$(6.25)$$

<u>Beispiel</u>: Für das Glas mit 0,02 Fe_2O_3, mit der Wanddicke $s = 6{,}5$ mm, soll der partielle Transmissionsgrad t_a für das gesamte Wellenlängengebiet des Sonnenspektrums berechnet werden. Angenommen: $a_A = 1$, $r = 0$, $\Theta_1 = 0^o$; die Sonnenstrahlung sei eine "schwarze" und ausschließlich direkte Strahlung.

<u>Lösung</u>: Aus der Abb. 6.12-a kann man ablesen:

- die "offnende" Kante liegt bei $\lambda = 0{,}33$ µm,
- die "schließende" Kante bei $\lambda \doteq 2{,}8$ µm,

. Transmissionsgrad zwischen diesen Kanten $t = 90{,}86$ %.

Sonnentemperatur beträgt: $T_{SN} = 5762$ K. Zuerst soll der Prozentsatz der solaren Strahlung D_λ, der in Wellenlängenbereichen: (0 ÷ 0,33), (0,33 ÷ 2,8) und (2,8 ÷ oo) μm liegt, berechnet werden.

Aus der Tabelle V (im Anhang):

λ	m	$0{,}33.10^{-6}$	$2{,}8.10^{-6}$
D_λ	%	2,928	97,3103

Daraus:

$$\Delta D_\lambda = 0{,}973103 - 0{,}02928 = 0{,}943823 \ \%$$

Gesamttransmissionsgrad für die oben angegebene Vereinfachung:

$$t = \Delta D_\lambda . t_\lambda = 0{,}9438.0.9086 = 0{,}8575 = 85{,}75 \ \%.$$

R e c h n e r i s c h e   K o n t r o l l e

D_λ - Betrag für die "öffnende" Kante:

$$\nu = \frac{1{,}43879.10^{-2}}{0{,}33.10^{-6} \ . \ 5762} = 7{,}56676 > 2$$

D_λ - Betrag wird aus der Gl. (6.25) berechnet.

$$D_\lambda = \frac{15}{\pi^4}.(e^{-\nu}.(((\nu + 3).\nu + 6).\nu + 6) + \frac{e^{-2\nu}}{2^4}.(((2\nu + 3).2\nu + 6).2\nu + 6) + \frac{e^{-3\nu}}{3^4}.(((3\nu + 3).3\nu + 6).3\nu + 6)) = 0{,}05229 = 5{,}2 \ \%.$$

Die Differenz gegenüber dem Wert, den wir aus der Tabelle entnommen haben, ist durch den Unterschied zwischen der solaren und der "schwarzen" Ausstrahlung im UV-Gebiet gegeben.

D_λ - Betrag für die "schließende Kante:

$$\nu = \frac{1,43879.10^{-2}}{2,8.10^{-6}.5762} = 0,89179 \quad < 2$$

D_λ - Betrag wird aus der Gl.(6.24) berechnet.In die Gleichung eingesetzt, bekommt man:

$$D_\lambda = 0,974335 = 97,43 \ \%$$

(Stimmt mit der Tabelle IV gut überein).

$$\Delta D_\lambda = 0,97433 - 0,05229 = 0,9220 = 92,2 \ \%$$

weiter

$$t = \Delta D_\lambda . t_\lambda = 0,922.0.9086 = 0,8377 = 83,77 \ \%$$

also ca um 2 % weniger als für den "Schwarzen" Körper.

6.2. Transmissionskurve mit/ohne Berücksichtigung der Reflexion

Es könnte dem Leser schwer fallen, sich in dem Dickicht der oft mangelhaft präsentierten Meßergebnissen aus dem Bereich der Strahlungsabsorption zu orientieren. Man muß dankbar sein, wenn bei den Kurven angegeben ist, ob es sich um den partiellen Transmissionsgrad handelt oder ob die Kurve die Reflexion beinhaltet. Aus der Energiebilanz (Abb.6.16) sieht man, daß das Verhältnis zwischen Absorption und Transmission immer konstant bleibt.

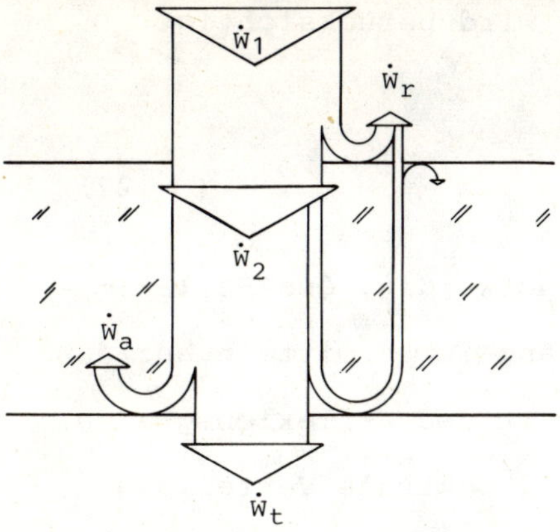

Abb. 6.16: Zu der Ableitung der Gl. (6.29)

Für die Kurve, die die Reflexion mitberücksichtigt:

$$t_r = \dot{W}_t/\dot{W}_1 \qquad \text{und} \qquad a_r = \dot{W}_a/\dot{W}_1$$

Für die Kurve ohne Reflexionsverluste: Der Betrag, der in die Materie eingedrungenen und durch die Reflexion nicht geschwächten Strahlung kann für die Ableitung beliebig gewählt werden. Zur Vereinfachung wählen wir ihn $\dot{W}_2$ groß.

$$t = \dot{W}_t/\dot{W}_2 \qquad \text{und} \qquad t = \dot{W}_a/\dot{W}_2$$

Für diese beide Fälle (mit/ohne Berücksichtigung der Reflexion):

$$\frac{a_r}{t_r} = \frac{\dot{W}_a/\dot{W}_1}{\dot{W}_t/\dot{W}_1} = \frac{\dot{W}_a}{\dot{W}_t} \quad \text{und} \quad \frac{a}{t} = \frac{\dot{W}_a/\dot{W}_2}{\dot{W}_t/\dot{W}_2} = \frac{\dot{W}_a}{\dot{W}_t}$$

daraus

$$\frac{a_r}{t_r} = \frac{a}{t} \qquad (6.26)$$

Index "r" bedeutet: die Reflexion wird berücksichtigt.

Für beide Fälle gilt:

$$a_r + r_r + t_r = t + a = 1 \qquad (6.27)$$

Für die technische Praxis ist es notwendig, den Reflexionsgrad r für beliebige Wellenlängen zu ermitteln. Nur dann ist es möglich, den Durchschnittswert des Reflexionsgrades für die ganze Transmissionskurve (spektrale Verteilung der Transmission über die Wellenlänge) zu ermitteln. Die folgende Ableitung ermöglicht die Berechnung. Einfachheitshalber wird Index "λ" weggelassen.

Die rechte Seite der Gl. (6.27) wird durch t dividiert.

$$\frac{t}{t} + \frac{a}{t} = \frac{1}{t} \Rightarrow 1 + \frac{a}{t} = \frac{1}{t} \Rightarrow \frac{a}{t} = \frac{1}{t} - 1$$

Aus der Gl. (6.26) folgt:

$$\frac{a_r}{t_r} = \frac{1}{t} - 1 \qquad (6.28)$$

Die Gl. (6.27) wird durch t_r dividiert und zusammen mit (6.28):

$$\frac{1}{t} - 1 + \frac{r_r}{t_r} + 1 = \frac{1}{t_r}$$

Da $r_r = r$ ist, finden wir den gesuchten Reflexionsgrad r (als r_λ betrachtet) aus :

$$r = t_r \cdot \left(\frac{1}{t_r} - \frac{1}{t}\right) \qquad (6.29)$$

Nun ist es möglich aus zwei Transmissionskurven desselben Materials mit und ohne Reflexionsverluste den spektralen Reflexionsgrad r_λ aus der Gl. (6.29) zu ermitteln.

<u>Beispiel</u>: Der spektrale Reflexionsgrad r_λ ist für einige charakteristische Transmissionsbereiche des Materials "TEDLAR" zu ermitteln.

<u>Lösung</u>: Aus der Transmissionskurve für TEDLAR aus den Abbildungen 6.14-b und 6.15 haben wir für die gewählte Wellenlänge $\lambda = 13{,}4\ \mu m$ abgelesen:

$$t_r = 0{,}65 \qquad \text{und} \qquad t = 0{,}879$$

Aus der Gl. (6.29):

$$r = t_r \cdot \left(\frac{1}{t_r} - \frac{1}{t}\right) = 0{,}65 \cdot \left(\frac{1}{0{,}65} - \frac{1}{0{,}879}\right) = 0{,}26$$

also

$$r_{(\lambda=13{,}4\ \mu m)} = 26\ \%$$

Analog für die abgelesenen Werte:

$\lambda = 7{,}65\ \mu m$, $t_r = 47{,}7$ und $t = 78{,}8$ ~ $r_\lambda = 39{,}2\ \%$

$\lambda = 11{,}6\ \mu m$, $t_r = 15{,}5$ und $t = 54{,}0$ ~ $r_\lambda = 71{,}2\ \%$

Aus diesen Ergebnissen ist ersichtlich, daß bei der Angabe der Transmissionskurve die Reflexion berücksichtigt werden muß.

6.3 DIE WECHSELWIRKUNG ZWISCHEN DEM ABSORBER UND DER ABDECKUNG (($t.a_A$)-Produkt

Der größte Teil der durchgelassenen Sonnenstrahlung wird an der Fläche des Absorbers absorbiert. Derjenige Teil, der reflektiert wird, geht nicht vollkommen verloren, denn von der inneren Seite der Abdeckschicht wird er teilweise wieder zurückreflektiert. Diese Situation ist an der Abbildung 6.12 verdeutlicht. Der Absorptionsgrad der absorbierenden Fläche des Absorbers wird als a_A bezeichnet. Die absorbierende Fläche des Absorbers stellt den Strahlungsempfänger dar. Die reflektierte Strahlung von der Fläche des Absorbers muß man als diffuse Strahlung betrachten, da die Fläche mehr matt als spiegelnd anzusehen ist. Man spricht hierbei vom diffusen Reflexionsgrad.

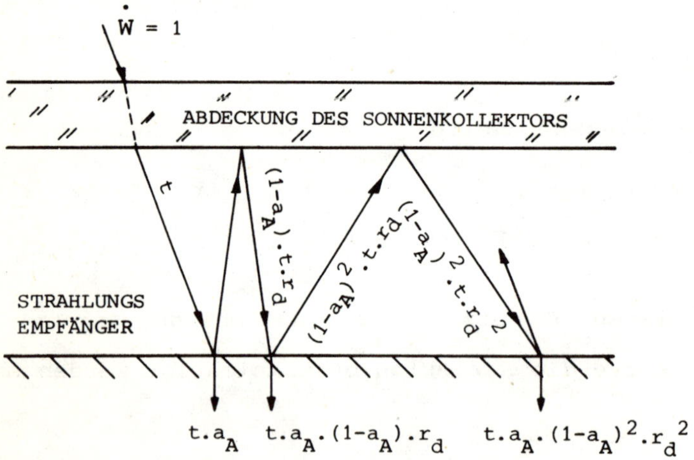

Abb.6.17: Die Wechselwirkung zwischen dem Absorber und der Abdeckung

Der effektive Absorptionsgrad des Absorbers a_{Ae}, der die Reflexion auf der Innenseite der Abdeckung von Sonnenkollektoren berücksichtigt, läßt sich mit der Gl.(10.20) berechnen. Er wird als $(t.a_A)$-Produkt bezeichnet.

$$a_{Ae} = t.a_A.\sum_{n=0}^{\infty} \left((1 - a_A).r_d \right)^2 = \frac{t.a_A}{1 - (1 - a_A).r_d} \qquad (10.28)$$

Erwähnenswert ist, daß der diffuse Reflexionsgrad nicht nur von dem Einfallswinkel θ_1, sondern auch von der Wellenlänge λ der durchgelassenen Strahlung abhängig ist. Die d i - r e k t e und d i f f u s e Strahlung soll auseinander gehalten werden. Die direkte Strahlung wird nach dem Durchgang durch die Abdeckung und nach der Reflexion von der Fläche des Absorbers diffus.

6.3.1 D u r c h s c h n i t t s w e r t d e s d i f - f u s e n R e f l e x i o n s g r a d e s r_d

Der Einfallswinkel der von der Fläche des Absorbers kommenden Strahlung ist so zu ermitteln, daß er den Durchschnittswert in deren Wirkung darstellt. Nach L(21) ist er bei dem Einfallswinkel $\theta_1 = 60^o$ zu suchen.

Beispiel: Ein Durchschnittswert des diffusen Reflexionsgrades r_d für die ein- bis vierfache Abdeckung von Sonnenkollektoren ist zu ermitteln. Die Glasart ist durch das Produkt K.s = 0,0524 gegeben.

Lösung: Aus der Abb. 6.10 kann man schätzungsweise diese Werte ablesen:

$$r_d = r_{(\theta_1=60^o)} = 1 - t = 0{,}16 \text{ für die einfache}$$

0,24	zweifache
0,29	dreifache
0,32	vierfache

Abdeckung.

Beispiel: Für einen Sonnenkollektor mit zweifacher Glasabdeckung soll der Anteil der einfallenden Sonnenstrahlung, welcher absorbiert wird, berechnet werden. Das $(t.a_A)$-Produkt, mit anderen Worten a_{Ae} ist zu berechnen. Es sind gegeben: Einfallswinkel $\theta_1 = 50^o$, K.s = 0,0524.

Lösung: Aus der Gl. (6.20):

$$(t.a_A) = a_{Ae} = \frac{t.a_A}{1 - (1 - a_A).r_d} =$$

$$= \frac{0{,}705.0{,}94}{1 - (1 - 0{,}94).0{,}24} = 0{,}672 = 67{,}2 \text{ \%}$$

Für Einfallswinkel $\theta_1 = 50^o$ beträgt $a_{Ae} = 0{,}486 = 48{,}6$ %.

7.0 SOLARE KRAFTWERKE

Nutzungsmöglichkeiten der Sonnenenergie hinsichtlich der Krafterzeugung sind begrenzt. Unser Planet empfängt zwar in 30 Min. von der Sonne soviel Energie, wie dia ganze Menchheit mit ihren derzeitigen primären Energiequellen in einem Jahr verbraucht, aber den Vorteilen der Sonnenenergie, unerschöpflich, sauber und kostenlos lieferbar zu sein, stehen technische Schwierigkeiten entgegen:

. die Energiedichte (Bestrahlungsstärke) ist gering,

. steht zeitlich nicht kontinuierlich zur Verfügung,

. ist geographischen Schwankungen unterworfen.

Nur die ersten Nachteile lassen sich prinzipiell technisch beherrschen, wenn auch zum Teil mit relativ großem Aufwand etwa bei der Speicherung der Energie für die Nacht; außerdem ist noch nicht für alle Probleme geklärt, wie sie wirtschaftlich zu lösen sind.

In Ländern mit gemäßigtem Klima (Mitteleuropa) kann Solarenergie nur als Zusatzelement zu den schon vorhandenen Energieträgern wirtschaftlich genutzt werden. Sie wird zur Erzeugung von "Niedertemperaturwärme" herangezogen:Bereitung von Warmwasser, z.B. Brauchwasser, Zusatzheizung von Gebäuden, für Schwimmbäder u.s.w. Das Auffangen der dafür notwendigen Solarenergie geschieht am einfachsten mit Flachkollektoren. Mit ihnen werden Temperaturen bis 100 °C erreicht.

Bereits im südlichen Europa - etwa ab Sizilien - in allen Ländern zwischen Äquator und 40° nördlicher und südlicher

Breite ist die Bestrahlungsstärke so groß und die Einstrahlungsdauer bis zu 4000 Stunden pro Jahr so ausgedehnt, daß es sich lohnt, solarthermische Kraftwerke zu errichten.

Die Gestaltung von den einzelnen Komponenten im Gang der Energiewandlung zwischen der Sonnenenergie einerseits und Kraft erzeugung andererseits ist im wesentlichen von dem erreichbaren Temperaturniveau des Mediums im primären Kreis abhängig; und das wiederum von dem Konzentrationsfaktor der einfallenden Sonnenstrahlung. Ein Typ des gewählten solaren Kraftwerkes in Verbindung mit dem Konzentrationsfaktor zeigt die Abbildung 7.1.

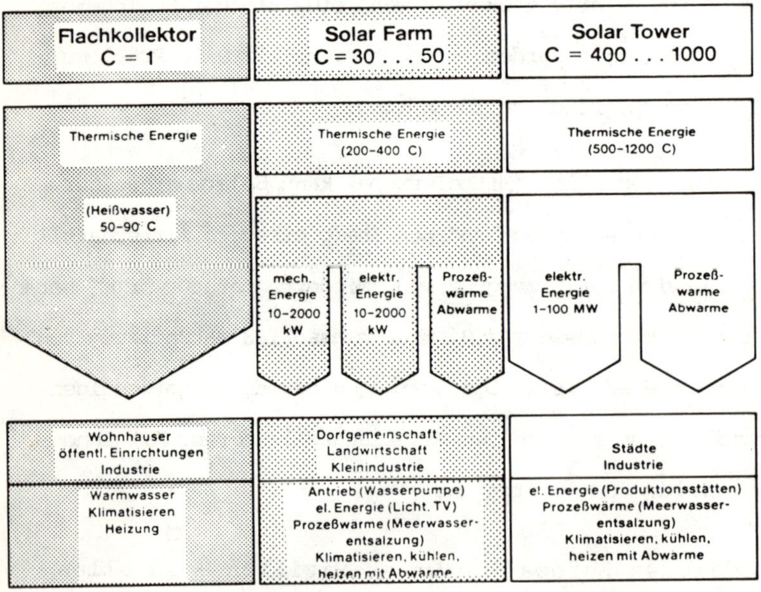

Abb. 7.1: Erreichbares "Temperaturpotential" durch verschiedene Arten von Strahlungsempfängern

7.1 SONNENKRAFTWERKE AUF DER FLACHKOLLEKTOREN-BASIS

Flachkollektoren bestehen aus einer schwarzen Fläche, welche die Strahlung der Sonne absorbiert und in Wärme umwandelt. Durch ein System von Kanälen, das mit der Absorberfläche fest verbunden ist, wird die gewonnene Wärme abtransportiert. Dazu ist ein Transportmedium (z.B. Wasser) notwendig. Eine Glasabdeckung - die mit einer infrarotreflektierenden Schicht versehen sein kann - vermindert Wärmeverluste nach oben. Nach unten ist der Kollektor isoliert.

Die Solartechnologie hat eine Reihe von Flachkollektor-Typen entwickelt und erprobt. Besonderer Wert wurde dabei auf die Forderung gelegt, daß die Typen sich für billige Massenproduktion eignen. Hohe Ansprüche wurden in bezug auf Robustheit und lange Lebensdauer gestellt.

In Abb. 7.2 ist das Schema eines 10 kWel Sonnenkraftwerkes dargestellt, das mit Flachkollektoren ausgebildet ist.

Das MBB 10 kW Solarkraftwerk besteht aus dem Kollektor-Kreislauf, dem Arbeitsmaschinenkreislauf und der dazugehörigen elektrischen Anlage inklusive Wechselstrom-Generator. In den Sonnenkollektoren wird die einfallende Sonnenstrahlung absorbiert; im Falle der Prototyp-Anlage durch Flachkollektoren, die auch den diffusen Anteil der Sonnenstrahlung ausnutzen. Die absorbierte Energie wird vom zirkulierenden Wasser dem Verdampfer im Arbeitskreislauf zugeführt.

Für die Produktion von Serien-Anlagen geht MBB davon aus, daß wichtige Komponenten in den Benutzerländern selbst gefertigt werden können. Zusammenarbeit hierfür besteht. Die Entwicklung der Anlage wurde maßgeblich vom Bundesministerium für Forschung und Technologie gefördert.

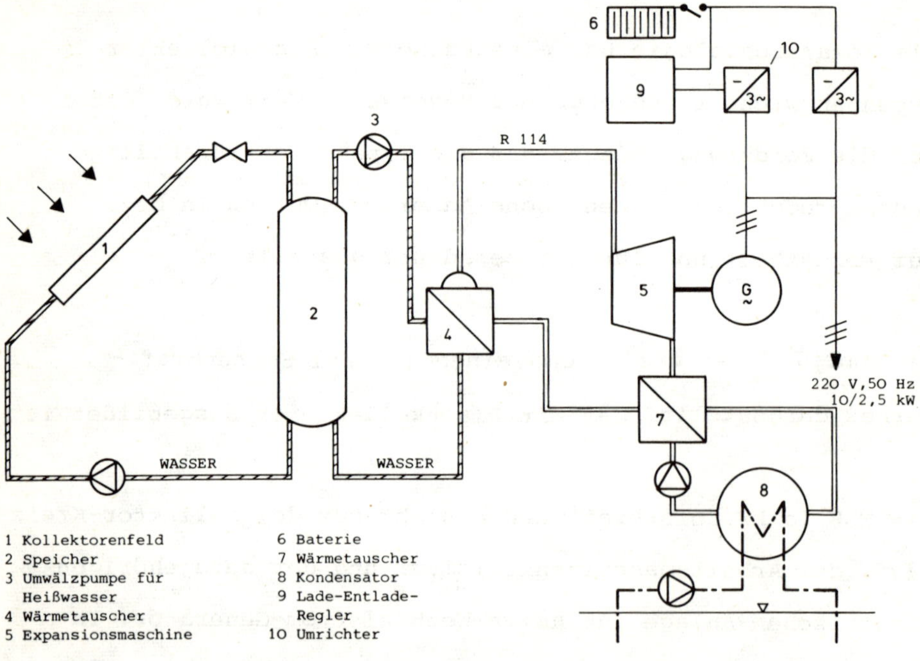

Abb.7.2: Schematische Darstellung des Solar-Kraftwerkes (der Firma MBB)

Weitere MBB-Entwicklungen betreffen solare Kraftwerksanlagen für den Leistungsbereich von 100 kW und ab 1 MW elektrischer Leistung. In der Abb. 7.3 wird ein Blick auf einen Teil des Sonnenkraftwerkes geworfen.

Abb. 7.3: Ein Teil des MBB-Sonnenkraftwerkes

L e i s t u n g s d a t e n :

Spitzenleistung: 10 kWel, Nachtbetrieb: 2,5 kWel.

Sonnenkollektor: MBB Flachkollektor, beschichteter Al-Absorber.

Größe eines Moduls: 60.180 cm. Gesamte Kollektorfläche: 600 m^2.

Leistungswandler: Schraubenexpansionsmaschine 16,5 kWel,

Arbeitsmedium: (Freon) R 114, Wechselstrom-Generator: 220 V, 50 Hz

Anlageinterne Regelung.

Energiespeicher: Wärmespeicher bei Umgebungsdruck : 30 m^3

Starten der Anlage: 220 V = 26 kWh.

7.2. SOLAR-FARM

Solar-Farm-Anlagen sind solarthermische Kraftwerke mit konzentrierenden Kollektoren im Leistungsbereich von 1o- bis ca. 1ooo kW.

7.2.1. Prinzip und Arbeitsweise der Solar-Farm

Die einfallende Sonnenstrahlung wird mit parabolischen Zylinderkollektoren auf eine Brennlinie konzentriert, in der sich ein beschichtetes Absorberrohr befindet. Dadurch wird das in diesem Rohr mit einem Druck von 3o bar zirkulierende Wasser auf 25o bis 3oo °C erhitzt. Dann wird es einem Heißwasser-Druckspeicher zugeführt, in Dampf umgewandelt und in einer Expansionsmaschine zur Erzeugung mechanischer Energie verwendet. Über einen angeflanschten Generator kann die mechanische Energie in elektrische Energie umgewandelt werden. Der die Expansionsmaschine verlassende Dampf wird in einem Kondensator verflüssigt und über eine Druckpumpe wieder dem Kollektorsystem zugeführt. Es handelt sich also um ein geschlossenes System, das während des Betriebes keine Wasserzufuhr von außen mehr benötigt.

Die in der Abb. 7.4 abgebildete Versuchsanlage umfaßt eine Kollektorgruppe in Ost-West-Orientierung mit einer Fläche von 46 Quadratmetern, einem Heißwasser-Druckspeicher, die in einem Container untergebrachten Energiewandler sowie ein Absorber-Klimagerät. Das Traggerüst ist aus Fertigteilen zusammengeschraubt und auf einer Schiene drehbar gelagert. Zusätzlich sind die einzelnen Kollektoren um ihre Absorberrohre drehbar. Zwei handelsübliche Sonnensensoren mit Stellmotoren sorgen für eine präzise Ausrichtung der Kollektoren nach dem jeweiligen Stand der Sonne.

Abb. 7.4: Im M.A.N.-Werk München zusammen mit der Deutschen Forschungs- und Versuchsanstalt für Luft- und Raumfahrt (DFVLR) aufgebaute Versuchsanlage

Zur Abb. 7.5 ist zu erwähnen, daß die Kollektoren nord-süd-orientiert sind, wie dies bei der Erweiterung der oben abgebildeten Versuchsanlage mit einer zusätzlichen größeren Kollektorplattform vorgenommen wurde. Die kombinierten Plattformen erhöhen die Leistung der Versuchsanlage und dienen zur Vorerprobung eines der in der Abb. 7.12 dargestellten Kollektormoduls.

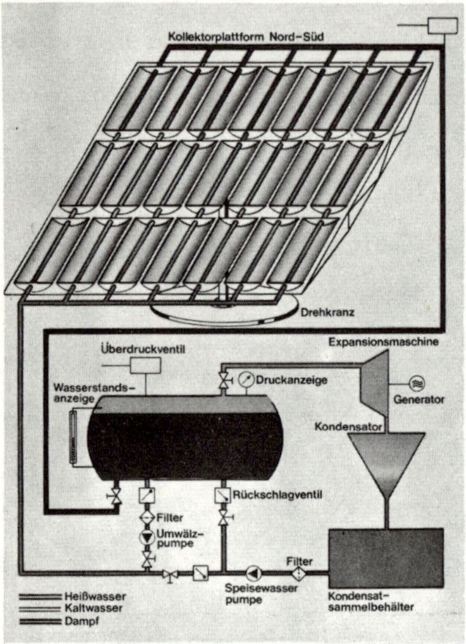

Abb. 7.5: Schematische Darstellung eines solarthermischen Kraftwerkes mit Kollektorplattform und Kreislauf

7.2.2. Leistungsspektrum der Solar-Farm

M.A.N. hat für die Errichtung solarthermischer Kraftwerke ein Baukastensystem ausgearbeitet. Hauptbestandteile sind der Kollektor-Modul und der Energiewandler-Modul. Je nach Bedarf können damit Kraftwerksgrößen bis zu 2ooo kW elektrischer Leistung zusammengestellt werden. Das Bild auf der nächsten Seite zeigt das Konzept einer 5o/1oo kW-Anlage für eine Dorfgemeinschaft in einem Wachstumsland. Die erzeugte Energie dient zum Betrieb von Bewässerungspumpen und zur Stromversorgung (Beleuchtung, Radio, TV usw.). Ein Kollektor-Modul hat eine Fläche von 15 kW. Der Energiewandler-Modul mit Dampfkolben- oder Dampfschraubenmotor wird in den Einheiten 3o,1oo und 2oo kW-Spitzenleistung gebaut.

In der Tabelle 7.1. werden einige Kombinationsmöglichkeiten dieses Baustein-Systems vorgestellt.

- A Energiewandlermodul max. 30 kW
- B Energiewandlermodul max. 100 kW
- C Energiewandlermodul max. 200 kW
- ■ Kollektormodul 15 kW
- ○ handelsübliche Speicher entsprechender Größe

12 h-Leistung	24 h-Leistung	Spitzenleistung	Energiewandler	Kollektor
15 kW	7,5 kW	30 kW	A	
50 kW	25 kW	100 kW	B	
100 kW	50 kW	100 kW	B	
100 kW	50 kW	200 kW	C	
200 kW	100 kW	200 kW	C	

Größere Leistungseinheiten bis in den MW-Bereich hinein, wie z.B. 5×200–1MW oder 10×200–2MW, können durch Vervielfachung der Module erreicht werden.

Tab. 7.1: Kombinationsmöglichkeiten des Baustein-Systems für die Solar-Farm

Die Abb. 7.6 zeigt ein Beispiel mit mehreren Kollektormodulen. Das auf etwa 3oo °C erhitzte Wasser der einzelnen Module wird zu einem zentralen Heißwasser-Druckspeicher geführt und zur Erzeugung mechanischer oder elektrischer Energie verwendet.

Abb. 7.6: Grafik mehrerer Kollektormodule

7.2.3. S t r a h l u n g s e m p f ä n g e r

Strahlungsempfänger, als Kollektor-Modul, siehe Abb. 7.7 bestehen aus einer Plattform mit einer Kollektorfläche von

150 m². Im Gegensatz zu der ersten Versuchsanlage in München hat die Brennlinie der einzelnen Kollektoren eine Nord-Süd-Richtung. Damit wurde erreicht, daß nur noch die Plattform um ihre Nord-Süd-Achse gedreht werden muß, um dem Tagesstand der Sonne zu folgen. Die einzelnen Kollektoren können starr montiert werden. Die Energieminderung bei dieser Konzeption ist unbedeutend und wird durch die Vereinfachung der Nachführung aufgewogen.

Je nach geographischer Breite des Aufstellungsortes wird der Modul auf einem Schienenkranz gedreht oder mit Spindeln gehoben bzw. gesenkt. Die Nachführung erfolgt automatisch mit Hilfe von Sonnensensoren, die einen Elektromotor steuern.

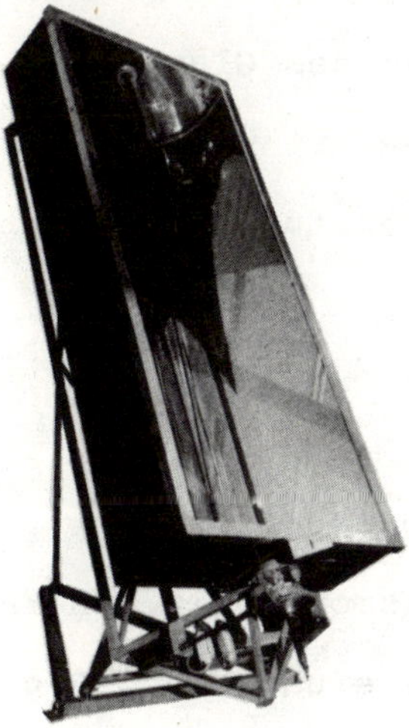

Abb.7.7: Ein Kollektor-Modul

Die Direktstrahlung der Sonne wird am Parabolzylinder reflektiert und auf das Absorberrohr in der Brennlinie des Kollektors konzentriert. Dadurch erhitzt sich das in dem Rohr zirkulierende Wasser auf 25o bis 3oo °C. Zur Verminderung von Wärmeverlusten ist das Absorberrohr mit einem Indiumoxydbeschichteten Glasrohr ummantelt. Damit die Sonnenstrahlung stets auf die Brennlinie des Parabolzylinders konzentriert wird, ist die Nachführung nach dem jeweiligen Sonnenstand nötig. Erreicht wird ein Konzentrationsfaktor von 3o; d.h. das Verhältnis der von der Sonne beschienenen Kollektorfläche zur bestrahlten Absorberfläche ist 3o. Mit einem Quadratmeter Kollektorfläche wird bei einem Kollektorwirkungsgrad von 5o - 6o % eine Energieausbeute von 1 kWh pro Tag erzielt.
Mit einer halbseitigen Verspiegelung des Glasrohres werden die Abstrahlungsverluste stark reduziert und die Wirkungsgrade - insbesondere bei hohen Temperaturen - erhöht.

7.2.4. Energiewandler

Der Energiewandler-Modul, siehe Abb. 7.8 umfaßt:
Heißwasser-Druckspeicher, Expansionsmotot mit Generator, Kondensator, Speisewasserpumpe, Steuerungs- und Regelorgane.

Der Heißwasser-Druckspeicher dient als Puffer zwischen der Kollektoranlage und der Dampfmaschine. Er ermöglicht es, daß trotz ungleichmäßiger Sonneneinstrahlung über den Tag hinweg eine konstante Motorenleistung erzielt wird. Er erlaubt den Betrieb auch während der Nacht sowie eine vorübergehend notwendige Spitzenentnahme.

Als Expansionsmaschinen werden für den Leistungsbereich von 15 bis 200 kW Hubkolbendampfmotoren oder Schraubendampfmotoren mit Expansionswirkungsgraden von 60 bis 70 % eingesetzt.

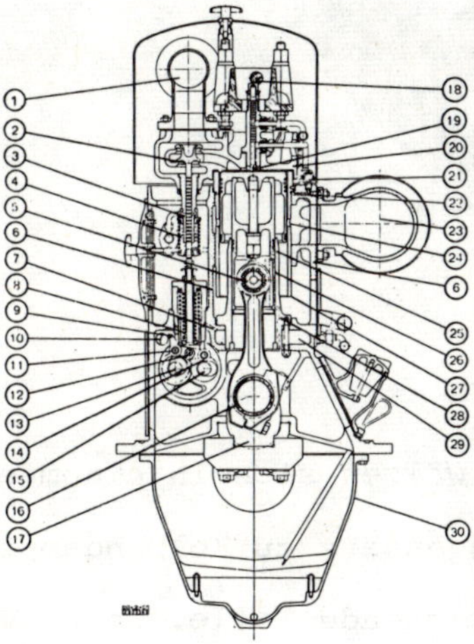

1 Frischdampfzuleitung
2 Einlaßventil
3 Leckdampfabsaugung
4 Ventilfeder
5 Kreuzkopfzapfen mit Schmierbohrungen
6 Blockgestell
7 Schmierbohrung für Stößel
8 Stößel
9 Nase am Kipphebel
10 Anlaßwelle
11 Rolle
12 Kipphebel
13 Senkwelle
14 Rolle
15 Hebewelle
16 Kurbelzapfenlager
17 Kurbelwelle
18 Zylinder-Deckel
19 Entwässerungsleitung
20 Querhaupt zur Befestigung der Zylinder-Deckel
21 Rückschlagventil
22 Ringkanal für die Zylinderschmierung
23 Abdampfleitung
24 Auslaßschlitze
25 Kreuzkopfbüchse
26 Schmiernut im Kreuzkopf
27 Zylinderbüchse
28 Schmierbohrung in der Kreuzkopfbüchse
29 Ölsammelraum
30 Ölwanne

Abb.7.8: Bewährter M.A.N.-Hubkolbendampfmotor aus dem Werk Nürnberg ist als 3-, 4- und 6-Zylinder gebaut. Der Motor ist für Drücke bis 30 bar und Temperaturen bis 400 °C ausgelegt

Die Abb. 7.9 zeigt einen Schraubenverdichter der Firma "GHH Sterkrade", der mit umgekehrter Strömungsrichtung als zweiwelliger Drehkolbenexpander arbeiten kann.

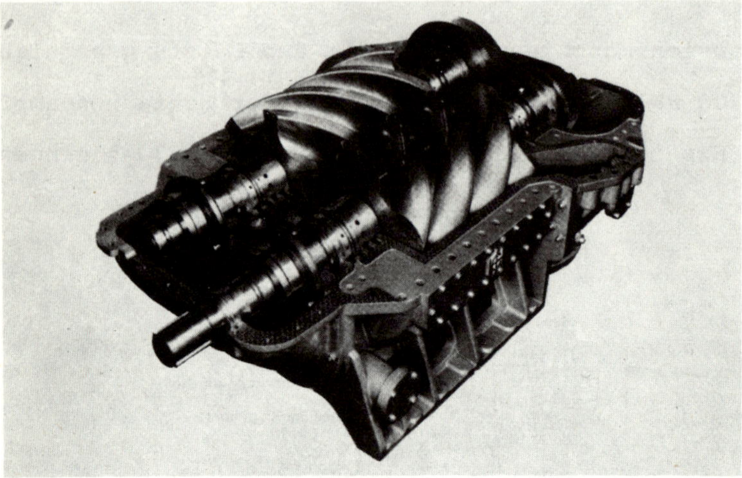

Abb. 7.9 Schraubenverdichter

Zwei schraubenförmige Rotoren wälzen sich in einem engumschließenden Gehäuse ab. Im Gegensatz zu Kolbendampfmaschinen hat der Schraubenmotor nur rotierende Teile. Seine Vorteile sind: geringer Platzbedarf, gering vorzuwärmende Massen und niedrige Herstellkosten.

7.2.5. Einsatzmöglichkeiten der Solar-Farm

In den Zonen zwischen dem 4o. Grad nördlicher und südlicher Breite sind die mittlere solare Einstrahlungsdichte und die durchschnittliche jährliche Sonnenscheindauer genügend hoch, um ohne allzugroße Anstrengungen aus der Sonnenstrahlung elektrische Energie zu erzeugen.
Es werden keine völlig neuen Technologien erforderlich, somit scheiden Fehlschläge von vornherein aus. Da innerhalb der genannten Zone Solarenergie an jedem beliebigen Ort zu Verfügung steht, ist die Möglichkeit gegeben, eine regionale, d.h. dezentrale Versorgung der Bevölkerung mit mechanischer und elektrischer Energie zu verwirklichen. Solarthermische Kraftwerke sind besonders für den Inselbetrieb von Dorfgemeinschaften und Kleinstädten geeignet.

In Gebieten mit geringer Bevölkerungsdichte ist der Aufbau eines weitverzweigten Stromnetzes schwierig und wirtschaftlich nicht vertretbar. Die Modulbauweise der von M.A.N./ DFVLR entwickelten solarthermischen Kraftwerke erlaubt es, durch den Zubau weiterer Module den zu erwartenden steigenden Bedarf an Energie Schritt für Schritt zu decken. Ihr Einsatz fördert die Erzeugung von Nahrungsmitteln (Bewässerungspumpen) und deren Aufbereitung und Lagerung (Mühlen,

Kühlanlagen) -allein in Afrika verdirbt jährlich Nahrung für 250 Millionen Menschen. Darüber hinaus können damit auch in entlegenen Gebieten Radio- und Fernsehprogramme empfangen werden. Dies dient den Zielen einer verstärkten Aufklärung und Bildung. Nicht zuletzt wird durch solarthermische Kraftwerke der Aufbau von Kleinindustrie ermöglicht und damit echte Entwicklungsarbeit geleistet.

Für diese Ziele stehen folgende Energieformen, die natürlich miteinander kombinierbar sind, zur Verfügung.

Thermische Energie:

46,52 kW, je Kollektormodul in Form von Wasser oder Dampf mit 25o - 3oo ^{o}C für Prozeßwärme

Mechanische Energie:

17 kW, je Kollektormodul für Pumpen und stationäre Antriebs

Elektrische Energie:

15 kW, je Kollektormodul als Haushaltsstrom (Licht, Radio, Fernsehen), für elektrische Antriebe, für Akku-Ladestation

Abwärme:

34,9 kW, je Kollektormodul in Form von Wasser oder Dampf mit 8o - 13o ^{o}C für Heizung, Warmwasserbereitung, Trocknung, Absorptionskühlung, Mehr- und Brackwasseraufbereitung.

7.2.6 Typische Merkmale der Solar-Farm

. Hohe Prozeßtemperatur erreichbar,

. hohe Bestrahlungsstärke des Absorbers,

. hohe Wirkungsgrade,

. kleiner Flächenbedarf für die Kollektoranlage,

. unempfindlich gegen Umgebungstemperaturänderungen,

. geringe Empfindlichkeit gegen Kondensationstemperaturänderungen,

. gleichermaßen gute Eignung für Wasser und Luftkühlung des Kondensators,

. Arbeitsmedium im Kollektor und im Motor ist Wasser,

. Betrieb im geschlossenen Kreislauf,

. nur kleine Speicher erforderlich, da hohe Energiedichte,

. Abwärmenutzung möglich in Absorberkälte- oder Klimaanlagen oder zur Meerwasserentsalzung,

. hohe Verfügbarkeit der Gesamtanlage durch Modulbauweise der Kollektoren,

. optimale Bedarfsanpassung durch Modulbauweise und Speicherbetrieb,

. Selbstreinigungseffekt durch N-S-Spiegelneigung.

7.3. SOLAR-TOWER

Bei Bedarf an größeren Mengen Energie, d.h. im Bereich von 1 - 1oo MW, bietet sich die Errichtung von Sonnentürmen (Solar-Tower) an. Auch bei diesem Konzept eines solarthermischen Kraftwerkes besteht das Funktionsprinzip darin, die einfallende Sonnenenergie zu konzentrieren. Das geschieht mit Hilfe von Spiegelgruppen, die auf optischem Weg die Solarstrahlung auf einen Absorber umlenken. Er befindet sich an der Spitze des Turmes. Siehe Abb. 7.1o.

Abb. 7.1o: Solar-Tower

Die Höhe des Turmes bemißt sich nach der Größe des Kollektorfeldes. Dessen Abmaß wiederum ist direkt proportional zur angestrebten Leistung. Für ein solarthermisches Kraftwerk mit einer Spitzenleistung von 1oo MW ist eine Spiegelfläche von ca. 7oo x 7oo m erforderlich. Die Höhe des Turmes beträgt in diesem Fall etwa 3oo m. Die Spiegelgruppen sind auf der Fläche rings um den Turm angeordnet und werden durch einen Computer der Sonne nachgeführt (Heliostaten). Dadurch wird die Solarstrahlung permanent auf den nach oben geschlossenen Absorber umgelenkt.

Die konzentrierte Strahlung erhitzt ein thermodynamisches Arbeitsmittel, z.B. Wasser auf Temperaturen bis zu 6oo °C. Das Medium - in diesem Fall unter hohem Druck befindlicher Dampf - wird zum Fuß des Turmes geleitet und dort einem von der M.A.N. serienmäßig hergestellten herkömmlichen Dampfturbinengenerator-System zugeführt. Damit wird die thermische in elektrische Energie umgewandelt. Eine Energie-Speicherung z.B. für Nachtbetrieb ist nach den Vorstellungen von M.A.N. durch Heißwasser-Druckspeicher mit geringem Volumen in wirtschaftlichem Rahmen möglich. Als thermodynamisches Arbeitsmittel kann auch Helium eingesetzt werden. Die M.A.N. untersucht deshalb alternativ die Möglichkeit, den geschlossenen Gasturbinen-Kreislauf beim Solar-Tower anzuwenden. Der Helium-Gasturbinen-Kreislauf bietet technische und wirtschaftliche Vorteile.

In der Abb. 7.11 wird die Montage eines HD-Läufers mit 15-stufigem Verdichter- und 7-stufigem Turbinen-Teil in das Druckgehäuse einer Heliumturbine gezeigt.

Abb. 7.11: Montage einer Heliumturbine

Im M.A.N.-Konzern liegen umfangreiche Entwicklungsarbeiten und Erfahrungen für dieses System vor. Die Kosten für die Errichtung des Turmes halten sich in Grenzen. Selbst bei großen Höhen - etwa 300 m - kann der Turm als schlankes Stahlrohr mit seitlicher Seilspannung aufgeführt werden. Die Wirtschaftlichkeit eines Solar-Towers wird ferner durch die Verwendung kostengünstiger Flachspiegel-Plattformen erhöht. Je nach Ausführung beträgt der Gesamtwirkungsgrad bei dieser Konzeption von Solarkraftwerken zwischen 2o und 3o %. Spezifische Verluste treten an Reflektoren, am Kollektor und beim Transport des Arbeitsmediums zur Turbine in Form von Wärme- und Strömungsverlusten auf. Ihre Reduzierung gehört zum Schwerpunkt der M.A.N.-Entwicklungsarbeit.

Rotationssymmetrische Parabol-Spiegel, bisher als Richtfunkantennen bekannt, sind ebenfalls geeignet, solare Energie für den Menschen nutzbar zu machen. Siehe Abb. 7.12. L (1o)

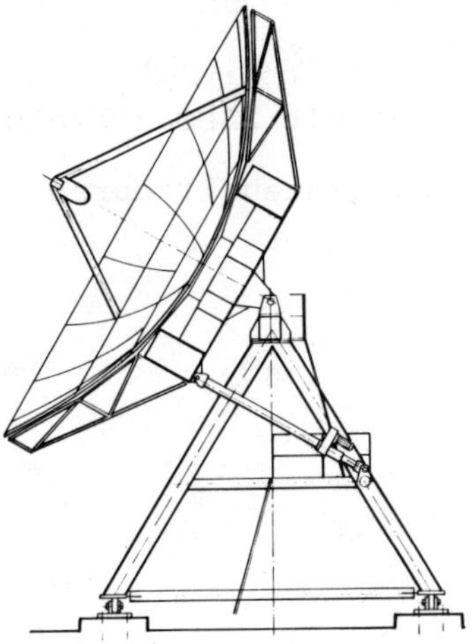

Abb.7.12: Rotationssymetrischer Parabolspiegel

Die Sonnenstrahlung wird auf einen Absorber im Brennpunkt des Rotationsparaboloids zu hoher Bestrahlungsstärke konzentriert. (Konzentrationsfaktor C = 400 bis 1000). Der vom Arbeitsmedium durchströmte Absorber erreicht dabei Temperaturen bis über 1000 °C.

Auch die Messerschmitt-Bölkow-Blohm GmbH in München beschäftigt sich mit der Entwicklung von Solareinrichtungen, die durch die Wirkungsweise in die Kategorie "Solar Tower" gehören. In der Abb. 7.13 ist eine gebaute Versuchsanlage ersichtlich. Nach den Erforschungen der Firma MBB ist es reell diese Anlagen in der Größenordnung von 100 kW bis 3000 kW zu bauen. Für größere Leistungen wäre es nötig zwei oder mehrere dieser Anlagen zu koppeln. Ein Beispiel für die Auslegung eines solchen Kraftwerkes sei hier angeführt:

Maximale Leistung: 1000 kW

Bebaute Fläche: 24000 m^2

Parabel Spiegelfläche: 7000 m^2 (man rechnet mit 2300 $kWh/a.m^2$)

Die Bewegung der Spiegel erfolgt Computer-gesteuert durch einen Servo-Kraft-Mechanismus L(11).

Abb.7.13: Parabel-Spiegel-Feld. Versuchsanlage der MBB

7.4 SONNENKRAFTWERKE AUF DER KOMBINIERTEN FLACHKOLLEKTOREN- UND SOLAR FARM-BASIS

Neben MBB in München hat auch Dornier-System GmbH in Friedrichshafen ein 10 kW-Kraftwerk gebaut, das die Solarenergie über Flachkollektoren und zusätzlich in nachgeschalteten konzentrierenden Zylinderkollektoren sammelt. In diesem primären Kreis wird die Wärmeenergie in einem gut isolierten Heißwasserbehälter gespeichert und damit ein bei niedriger Temperatur siedendes Arbeitsmedium (Frigen oder Freon) verdampft.

Der Frigen- oder Freondampf gibt dann in besonders entwickelten Wärmekraftmaschinen seine Energie als mechanische Energie ab und wird in einem Kondensator wieder zu Flüssigkeit kondensiert, und dem Verdampfer erneut zugeführt zu werden. Dieser Kreisprozeß arbeitet allerdings mit einem sehr schlechten Wirkungsgrad. Nachdem die mechanische in elektrische Energie umgewandelt ist, beträgt er gerade noch etwa 1 %.Schematische Darstellung dieses solaren Kleinkraftwerkes in Abb. 7.14

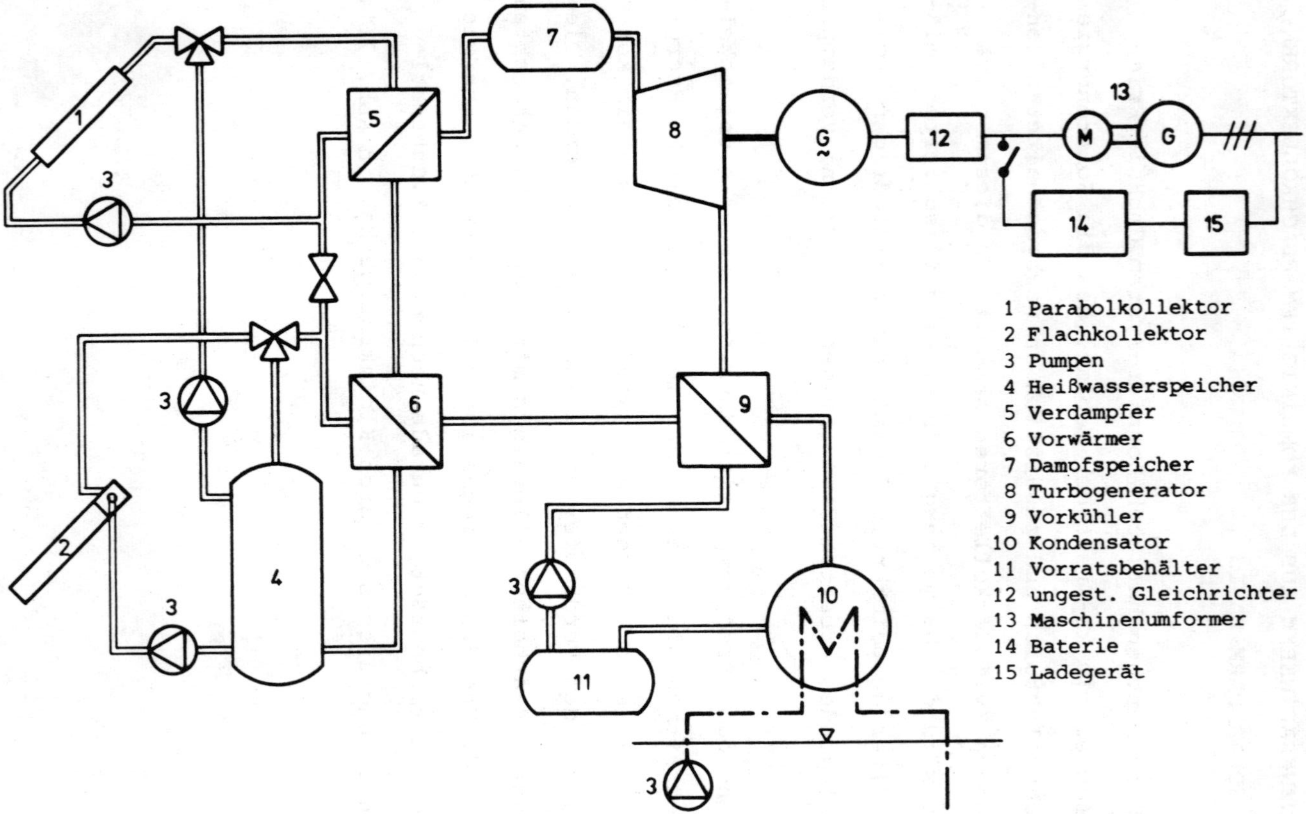

Abb.7.14: Schematische Darstellung eines 10 kW-solaren Kraftwerkes (nach Dornier GmbH)

8.0. UMWANDLUNG VON SONNENENERGIE IN MECHANISCHE ENERGIE DURCH DEN STIRLING - MOTOR

Etwas vom Prinzip her völlig anderes als Otto, Diesel und als alle Kreiskolbenmotoren ist der Stirling-Motor. Dr. Robert Stirling war Pfarrer in Schottland. Das Patent auf seine Erfindung erhielt er schon im Jahre 1816.In der zweiten Hälfte des vorigen Jahrhundert lief bereits eine ganze Anzahl von Stirling-Motoren. Ihre wuchtige Größe und ihr geringer Wirkungsgrad waren schuld daran, daß sie gegen dann aufkommenden Otto- und Dieselmotoren nicht konkurieren konnten. Der Stirling-Motor verschwand von der Bildfläche.

Bis zum Jahre 1938. Um diese Zeit suchte die niederländische Rundfunk- und Glühlampenfirma Philips nach einem Motor, der Radioempfänger auch in abgelegenen Gebieten mit Strom versorgen konnte. Die Bedingung war, daß er mit allen möglichen Brennstoffen betrieben werden konnte und ruhig laufen mußte. Dabei kam man auf die alte Idee von Pfarrer Stirling zurück. Seitdem liegt fast die gesamte Initiative für diese Motorart bei der Firma Philips und ihren Lizenznehmern.

In 3 grundsätzlichen Punkten unterscheidet sich der Stirling-Motor heutiger Bauart von allen anderen Verbrennungsmotoren:

1. Bei den anderen Motoren wird Luft aus dem Freien angesaugt, zusammen mit Kraftstoff im Motor verbrannt und als Abgas wieder ins Freie gepustet. Anders beim Stirling-Motor: da bugsieren die Kolben immer wieder ein und dasselbe Gas hin und her, wie die populäre Darstellung unten (Abb.8.1) zeigt.

Denn es geht nichts rein und es kommt nichts raus. Es ist kein offenes, sondern ein geschlossenes System. Der Zylinder ist mit einem Gasbehälter verbunden, und der wiederum mit einem Gaspedal. Abhängig von der Gaspedalstellung wird mehr oder weniger Druck aus dem Gasbehälter in den Zylinder- und umgekehrt gebracht, und damit wird die Leistung gesteuert. Hoher Druck im Zylinder bedeutet mehr Leistung, niedriger Druck und weniger Leistung.

Abb.8.1: Nach diesem Prinzip "arbeitet" der Stirling-Motor

2. Alle anderen Motoren arbeiten mit innerer Verbrennung: der Kraftstoff wird da verbrannt, wo er seine Energie entfalten soll, nämlich oberhalb des Kolbens. Beim Stirling-Motor

dagegen wird der Kraftstoff außerhalb des Arbeitsraumes verbrannt und die entstehende Wärme nach innen übertragen. Man spricht daher von "äußerer Verbrennung".

3. Die Verbrennung geschieht - genau wie bei der Dampfmaschine - nicht in Takten oder Schüben, sondern ununterbrochen. Das Feuer ist sozusagen immer in Gang.

Wie der Stirling-Motor funktioniert, zeigt die Abb. 8.2.

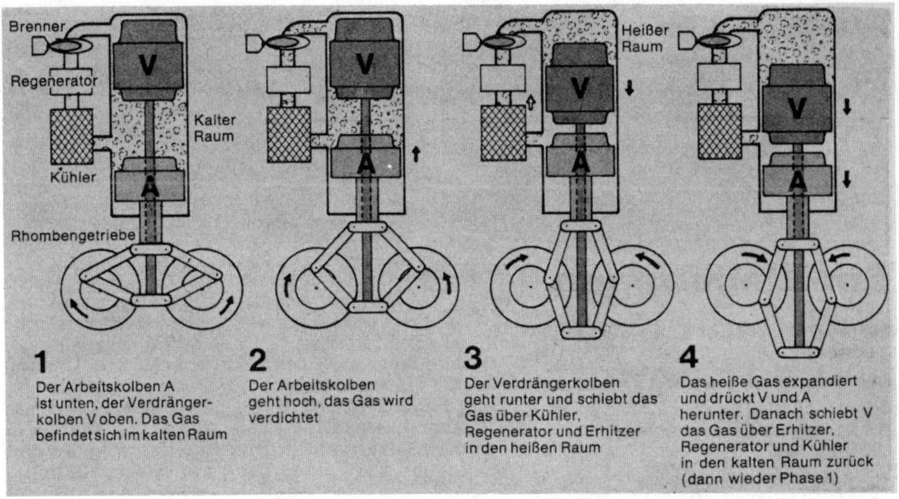

Abb.8.2: Funktionsschema des Stirling-Motors

Da gibt es einen Zylinder mit zwei Kolben, einen Brenner, einen Kühler und einen Regenerator. Der Regenerator ist mit einer porösen Masse gefüllt und kann aus durchstreichendem heißem Gas sehr rasch Wärme aufnehmen und dann an hindurchstreichendes kaltes Gas wieder abgeben. Der Zylinder hat zwei Teile: oben den "warmen Raum", unten den "kalten Raum".

Im Zylinder stecken zwei Kolben: oben der Verdrängerkolben V, unten der Arbeitskolben A. Die Kolbenstangen von A und V sind lose ineinandergesteckt und münden unten in einem komplizierten Kurbeltrieb, hier einem sogenannten Rhombentrieb. Das ganze Hin und Her mit dem warmen und kalten Gas geht so rasch, daß der Motor mit Tausenden von Umdrehungen laufen kann und somit auch als Autoantrieb in Frage kommt.

Da die Sache sehr kompliziert ist, arbeiten alle Lizenznehmer schon an einfacheren Lösungen.

8.1 ARTEN DER PRIMÄRENERGIE FÜR DEN ANTRIEB DES STIRLING-MOTORS

Der Stirling-Motor arbeitet mit allen möglichen Brennstoffen. In Frage kämen:

. Feste, flüssige, gasförmige Brennstoffe,

. Kernenergie,

. Sonnenenergie (bei stationärem Betrieb).

8.2 DIE ADAPTIERFÄHIGE FORM DES STIRLING-MOTORS FÜR DIE AUSNUTZUNG DER SONNENENERGIE

Ähnlich wie bei anderen Maschinen wird der Stirling-Motor in Leistung und Preis um so günstiger, je größer er ist. Man baute daher zunächst einmal Prototypen für den Antrieb von Lastwagen, Omnibusen und Booten. In Holland läuft bei Philips ein DAF-Bus im Versuch und in Schweden bei der Firma United-Stirling ein MAN-Bus (United Stirling und MAN gehören zu den Lizenznehmern von Philips), die von 75 kW leistenden Stirling-Motoren angetrieben werden.Die amerikanischen Ford-Werke arbeiten jedoch in enger Zusammenarbeit mit Philips an Stirling-Motoren, die auch unter die Haube eines PKW passen. Zu den Vorfahren des neuesten Prototyps eines Stirling-Motors gehört ein 147 kW-Motor mit Rhombengetriebe, (siehe Abb.8.3). Die vereinfachte Darstellung dieses Getriebes zeigte Abb.8.2. Der Vierzylinder 147 kW-Motor fand Anwendung im Philips-Stirling-Bus, siehe Abb. 8.4.

Abb.8.3:Vierzylinder 147 kW Stirlingmotor mit Rhombengetriebe

Abb.8.4: Philips-Stirling-Bus

Die Konzeption mit zwei Kolben in einem Zylinder und Rhombusantrieb nahm sehr viel Platz in Anspruch und war sehr kompliziert.
Die Entwicklung führte zu dem doppelwirkenden Vierzylinder mit direkter Erhitzung, der in Abb. 8.5 schematisch dargestellt ist.

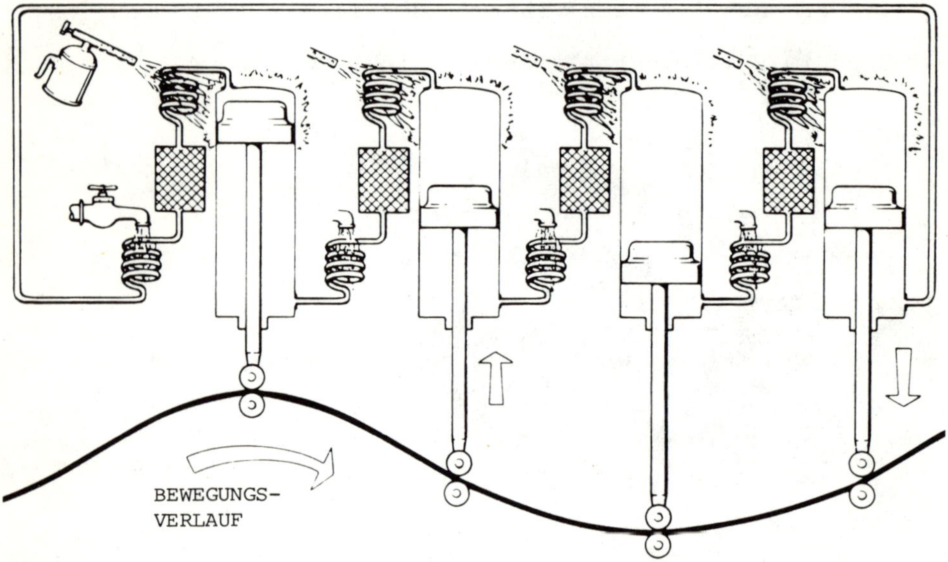

Abb. 8.5: Schematische Darstellung des doppelwirkenden Vierzylinder Stirling-Motors

Die kompakte Bauweise, siehe Abb. 8.6, mit Taumelscheibe in zylindrischer Form war die logische Folge des Vorgedankens in Abb. 8.5.

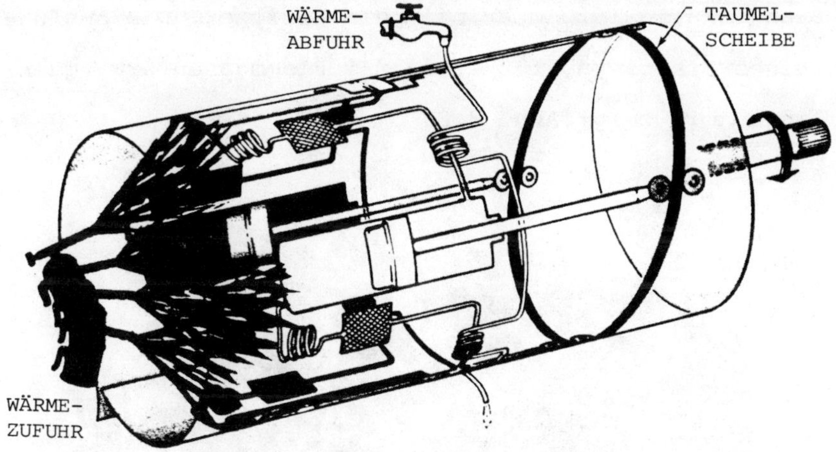

Abb.8.6: Zylindrische Bauweise des doppelwirkenden Vierzylinder Stirling-Motors

Auch diese Bauweise fand Interesse in der Automobilindustrie. Bild 8.7 zeigt einen Stirling-Motor der "zweiten Generation" mit Brennerkäfig.

Abb.8.7: Vierzylinder-Stirling-Motor in zylindrischer Bauweise; rechts erkennt man den Brennerkäfig

Der Brennerkäfig ist im Prinzip ein Erhitzer. Die Ausführung eines Erhitzers, für einen mit Flammgasen erwärmten Stirlingmotor, zeigt Abb. 8.8.

Abb.8.8: Brennerkäfig

Der Regenerator ist auf die zylindrischen Räume, die um das untere Ende des Erhitzers herum angeordnet sind, verteilt. Aus jedem dieser Räume kommen drei Rohre, deren Verlängerung die vertikal aufsteigenden Erhitzerrohre bilden. Dazwischen liegen jeweils die aus dem oben liegenden Sammelkanal kommenden absteigenden Rohre, die in den Expansionsraum des Motors einmünden. Auf dem unteren Teil der so gebildeten Rohrwand sind Rippen angebracht, wodurch die Wärme der Verbrennungsgase besser auf die Rohre übertragen wird. L (12)

Zu den Entwicklungsstufen der Kraftübertragung beim Stirling-Motor gehören: Kurbelwelle, Rhombentrieb (wurde im Jahre 1953 erfunden) und Taumelscheibe.

8.3 EINSATZFÄHIGE FORM DES STIRLING-MOTORS FÜR DIE AUSNUTZUNG DER SONNENENERGIE

Die organische Verbindung der Elemente:

. Stirling-Motor mit Taumelscheibe

. Wärmerohr als Hauptelement für die indirekte Erhitzung

nach der Abb. 8.9 führt zu der Idee (zum Patent angemeldet) den Motor auch mit Sonnenenergie mit oder ohne Wärmespeicher zu betreiben.

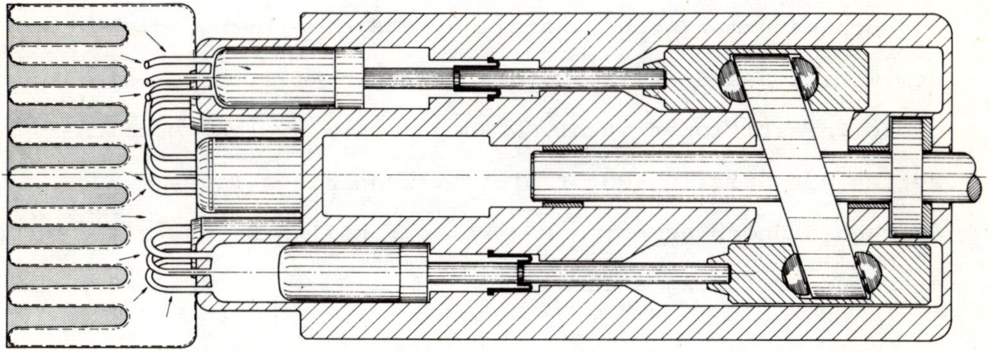

Abb.8.9: Stirling-Motor der mit einem System für indirekte Erhitzung ausgerüstet ist

In der Abb. 8.9 sieht man zwei der vier Zylinder im Schnitt, in der Mitte einen dritten in der Ansicht. Die dazwischenliegenden, etwas weiter nach oben herausragenden zylindrischen Räume enthalten die Regeneratoren. Die Bewegung der Kolben wird bei diesen Motoren über eine Taumelscheibe auf die Hauptwelle übertragen. Nach Versuchen der Firma Philips führt diese Konzeption zu höheren Drehzahlen und deswegen auch zu erheblich höheren Leistungen als bei bisherigen Konzeptionen.

Schon jetzt ist das Stadium der Entwicklung erreicht, wo der Stirling-Motor sehr attraktiv für den Einsatz als Fahrzeugantrieb erscheint.

Dennoch kann man sich vorstellen, daß eine Firma, die sich dem Gebiet des Stirling-Motors zuwenden will, bevor sie große Investitionen macht, wissen möchte, welche Möglichkeiten der Stirling-Motor bietet, wenn eines Tages - aus welchen Gründen auch immer - keine fossilen Brennstoffe mehr zur Verfügung stehen.

Eine logische Folge zu der vorangegangenen Entwicklung ist Prototyp laut Abb. 8.10. Nach der Untersuchung der Firma M.A.N. - Augsburg wird die Sonnenstrahlung auf einen Absorber im Brennpunkt des Rotationsparaboloids zu hoher Dichte konzentriert (Konzentrationswerte 400 bis 1000). Die Umwandlung dieser thermischer Energie in elektrische Energie wird mit Hilfe eines Stirlingmotores bewerkstelligt. Die kompakte Bauweise des Stirlingmotors erlaubt es, ihn zusammen mit einem Generator in Spiegelnähe anzubringen. Der Kopf des Motors erfüllt die Funktion des Absorbers. Erzeugung des elektrischen Stroms erfolgt somit ohne große Transportwege der thermischen Energie.

Abb. 8.10: Prototyp einer Anlage für die Ausnutzung der Sonnenenergie mit Hilfe des Stirlingmotors der Fa. M.A.N.

Es handelt sich bei der Abb. 8.1o um einen doppelwirkenden Vierzylinder-Stirlingmotor der "zweiten Generation" mit einem System für indirekte Erhitzung aus der Sonnenenergie, die von dem Brennpunkt eines fokusierenden Sonnenkollektors zugeführt wird. Der Antrieb erfolgt mittels Taumelscheibe.

Der Wärmetransport vom Brennpunkt der fokusierenden Parabel bis zum sogenannten "heißen Raum" des Stirling-Motors läßt sich mit Erfolg mit Hilfe von Wärmerohren verwirklichen. Um die Ungleichmäßigkeiten der Sonneneinstrahlung auszugleichen, kann man den Brennpunkt der Parabel als Wärmespeicher ausbilden.

Die Fragen der Wärmespeicherung und des Wärmetransports werden in den Kapiteln 9 und 10 behandelt.

9.0. WÄRMESPEICHERUNG

Eine der besten Möglichkeiten, die Wärmemengen zu speichern, ist die Ausnutzung der Aggregatzustandsänderung. Mit anderen Worten die Ausnutzung der Erstarrungs- und Schmelzwärme der verschiedenen organischen und anorganischen Stoffe. Organische Stoffe verwendet man bei niedrigen Temperaturen, anorganische Stoffe bei höheren Temperaturen.

Nach gewissen Voruntersuchungen die R.J. Meijer mit dem Elektro-Wärmespeicher durchgeführt hat L (13), bietet sich Lithiumfluorid für unseren Fall als Arbeitsmittel an.

Lithiumfluorid ist chemisch ein sehr stabiles Salz mit einem Schmelzpunkt von 848 °C, einer Erstarrungswärme von 1o5o kJ/kg, zwischen 55o °C und 848 °C einer mittleren spezifischen Wärme von 2,35 kJ/kg °C, bei 87o °C (flüssig) einer spezifischen Dichte von 179o kg/m^3 und bei 7oo °C (fest) einer spezifischen Dichte von 264o kg/m^3. Wenn wir die Erstarrungswärme und die spürbare Wärme, die bei Abkühlung auf 55o °C frei wird, dem Motor zuführen und die diesen Temperaturen entsprechenden Wirkungsgrade berücksichtigen, so erhalten wir eine spezifische mechanische Energie von etwa 2oo Wh pro Kilogramm LiF (Abb. 9.1). In den letzten zehn Jahren wurden in den Vereinigten Staaten für den Einsatz von Radio-Isotopen in den Raumfahrt sog. Superisolationen für diese Temperaturen entwickelt, die für unseren Zweck sehr gut brauchbar sind.

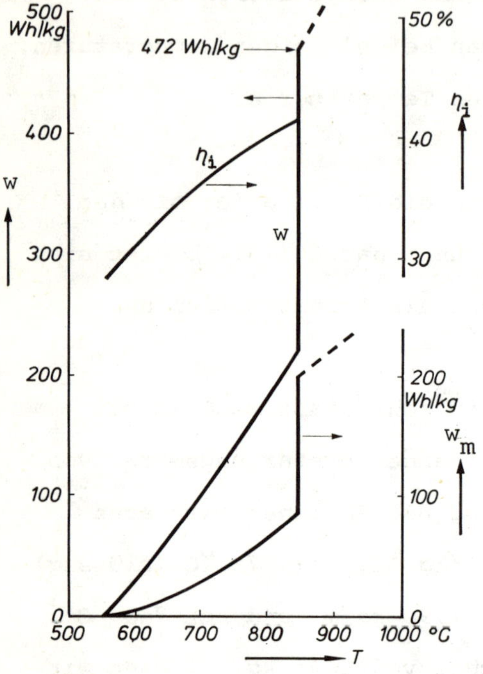

Abb.9.1: Der spezifische Energieinhalt w pro kg Lithiumfluorid in Abhängigkeit von der Temperatur T. Bei 848 °C schmilzt das Salz, wobei eine große Schm lzwärme aufgenommen wird (vertikaler Kurvenabschnitt). Nachdem das gesamte LiF geschmolzen ist, beträgt w nicht weniger als 472 Wh/kg. w_m ist die mechanische Energie, die aus w gewonnen werden kann, η_i der Umwandlungswirkungsgrad

Ein Wärmespeicher besteht im Prinzip aus einem Behälter mit einem Material, das große Wärmemengen aufnehmen und abgeben kann. Diese Wärme kann z.B. über ein Wärmerohrsystem an den Erhitzer des Motors abgegeben werden. Die meisten Versuche haben wir mit Lithiumfluorid als Wärmespeichermaterial durchgeführt, so daß wir unsere Be-

trachtungen auf dieses Material beschränken. Um die Wärme vom Speicher zum Motor zu transportieren, verwenden wir, wie bereits erwähnt, ein Wärmerohrsystem, dessen Eigenschaft, auch ein Transformator für die Wärmestromdichte zu sein, uns sehr zustatten kommt.
Die Wärmeleitung des erstarrten LiF ist nicht besonders groß, so daß eine verhältnismäßig große Wandfläche mit kleiner Wärmestromdichte erforderlich ist, damit keine zu große Temperaturdifferenz im erstarrten Salz entsteht.

Abb. 9.2 zeigt das Schema einer Versuchsanordnung (nach R.J. Meijer), bestehend aus Wärmespeicher, Wärmerohrsystem und Stirlingmotor. Der Wärmespeicher besteht im Grunde aus einem Behälter mit kleinen dünnwandigen, völlig geschlossenen Gefäßen, den sog. Elementen. Diese Elemente sind mit LiF gefüllt, das in flüssigem Zustand das Volumen der Elemente fast vollständig ausfüllt. Lediglich in einem kleinen Raum über dem geschmolzenen Salz befindet sich Argon, dessen Druck so gewählt ist, daß immer - auch beim Erstarren - im Element ein kleiner Überdruck herrscht, damit es nicht eingedrückt wird. Die gestrichelten Linien in Abb. 9.2 geben an, wo sich das poröse Material befindet, das den Rückfluß der kleinen Natriummenge, die auch hier als Wärmetransportmedium dient, zur Verdampfungsstelle bewirkt. Die Wirkungsweise ist wie folgt:

Man stelle sich bei A eine Art von Hahn vor, der die Verbindung vom Speicher zum Motor absperrt. Wenn durch elektrische Energie dem Boden des großen Behälters Wärme zugeführt wird, verdampft Natrium und kondensiert an den Elementen, wo es diese Wärme wieder abgibt. Das flüssige Natrium wird durch die poröse Schicht zum Boden zurückgeführt. Dies kann sich so lange fortsetzen, bis das gesamte Salz in den Elementen geschmolzen ist, was sich durch einen schnelleren Temperaturanstieg bemerkbar macht. Jetzt ist der Wärmespeicher "geladen" und die Zufuhr von elektrischer Energie kann eingestellt werden. Wollen wir den Motor starten, so öffnen wir den Hahn bei A, wodurch der Natriumdampf auf den Erhitzerrohren kondensiert und die Flüssigkeit wieder zur Außenfläche der Elemente, die jetzt den verdampfenden Teil des Wärmerohrsystems darstellen, zurückgeführt wird.

Beim Laden wird so lange Wärme zugeführt, bis das gesamte LiF geschmolzen ist. Dabei dient die Wand der Elemente als kaltes Ende eines Wärmerohrs und die Umgebung der Spirale als warmes. Wenn A offen ist, bilden die Elemente das warme Ende des Rohres, das den Speicher mit dem Motor verbindet (ausgezogene Pfeile).

Abb. 9.3 zeigt eine Röntgenaufnahme eines Versuchselements, umgeben von einem Wärmerohrsystem. Das Salz befindet sich im erstarrten Zustand.

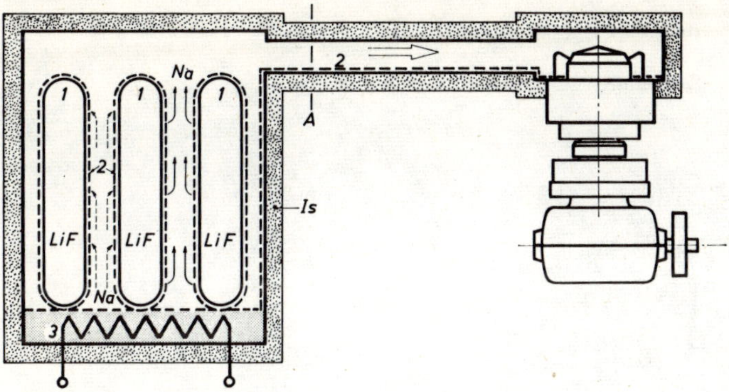

Abb.9.2: Schematische Darstellung eines Stirlingmotors (rechts), der über ein Wärmerohr mit einem Wärmespeicher (links) verbunden ist. 1- geschlossene, mit LiF gefüllte Gefäße, die sog. Elemente. 2- poröse Schicht.3- elektrische Heizspirale. Is- Isolation. A- Hahn im Wärmerohr

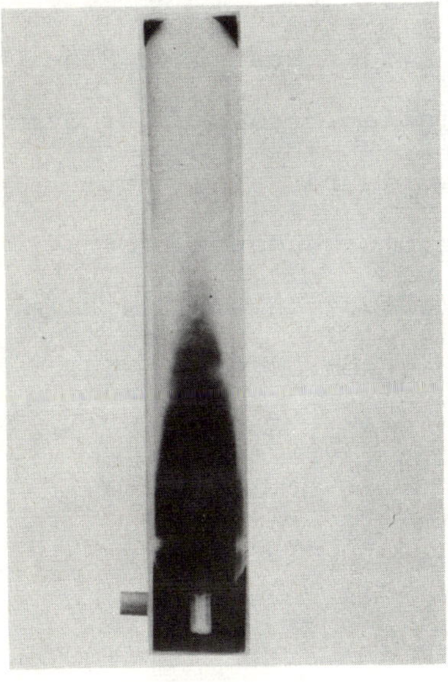

Abb.9.3: Röntgenbild eines einzelnen Elements eines Wärmespeichers, von einem Wärmerohr umgeben. Das Salz (helle Partie) befindet sich in einer festen Phase

Abb. 9.4 zeigt eine Versuchsanordnung des vollständigen Systems nach dem Schema von Abb. 9.2.

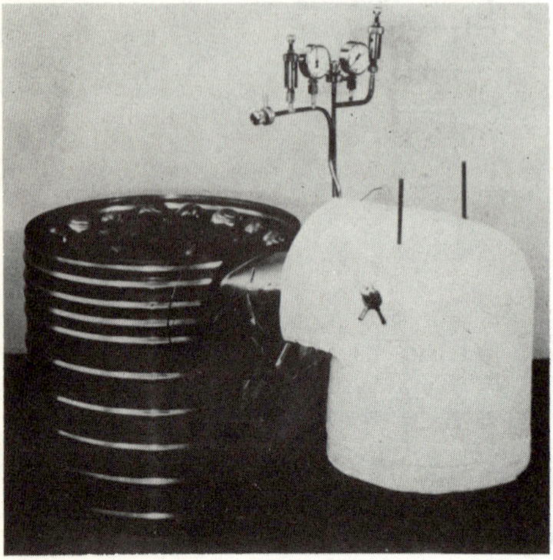

Abb. 9.4: Versuchsanordnung nach Abb. 9.2. Links der Wärmespeicher, von dem der Deckel abgenommen ist. Man sieht die oberen Enden der Elemente

Aus den Versuchen geht hervor: Der Wärmeverlust in 24 Stunden beträgt 12 % der maximal gespeicherten Wärmemenge (die Hälfte davon fließt über die Isolation, der Rest über Stützen und Verbindungsstücke ab); die Isolationsdicke der Superisolation von mittlerer Qualität wurde für eine "hot-face"- Temperatur von 850 °C und eine Umgebungstemperatur von 20 °C mit einem spezifischen Wärmefluß von 0,00504 kJ/m^2 h, das entspricht bei einem Temperaturunterschied von 1 K der Wärmeleitfähigkeit der Superisolation. Weil:

$$\dot{W} = A.\lambda.\Delta t \Rightarrow \dot{w} = \dot{W} / A = \lambda.\Delta t$$

bei

$$\Delta t = 1 \Rightarrow \dot{w} = \lambda$$

Die Anordnung nach der Abbildung 9.2 läßt sich leicht für unseren Fall adaptieren. Unser Entwurf ist in Abb. 9.5 dargestellt. Der Brennpunkt wird als Block aus gut leitendem und temperaturbeständigem Material hergestellt.

Es ist einzusehen, daß noch sehr viel Entwicklungsarbeit geleistet werden muß, will man in dieser Richtung weitergehen, doch sind keine grundlegenden Erfindungen mehr nötig.

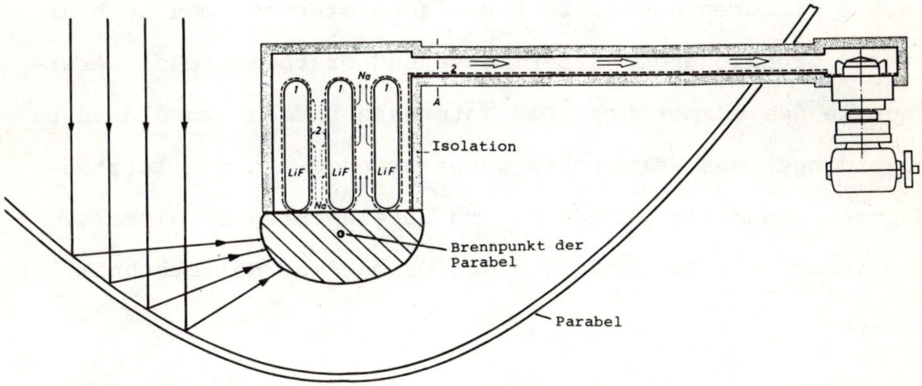

Abb. 9.5: Schematische Darstellung der Anlage für die Ausnutzung der Sonnenenergie mit Hilfe des Stirlingmotors (mit Wärmespeicher)

10.0 WÄRMETRANSPORT

Naturgemäß eignet sich zum Wärmetransport sehr gut ein Wärmerohr. Das Prinzip des Wärmerohrs wurde zuerst von R.S. Gaugler bei General Motors entdeckt und 1944 patentiert. Das Wärmerohr geriet in Vergessenheit, 1963 wurde es von G.M.Grover und Mitarbeitern im Los Alamos Laboratory bei Arbeiten an Energieversorgungsanlagen für Raumfluggeräte wiederentdeckt. In Los Alamos startete man auch die ersten grundlegenden Experimente und erarbeitete die erste Theorie des Wärmerohrs. Das Interesse an den Grundlagen und Anwendungen des Wärmerohrs wuchs ständig. In den letzten Jahren wurden die Wärmerohre zu Bauelementen entwickelt, die immer mehr Beachtung in der Wärme- und Kältetechnik finden.

10.1. FUNKTIONSPRINZIP DES WÄRMEROHRS

Das Wärmerohr ist ein evakuiertes, vakuumdicht geschlossenes System (z.B. ein Rohr oder eine Kammer), dessen Innenwandungen mit einer Kapillarstruktur ausgekleidet sind. Diese Struktur ist mit einem flüssigen Wärmeträger gesättigt. Nach ihrer Funktion lassen sich drei Wärmerohrbereiche unterscheiden, siehe Abb. 10.1. In der Heizzone wird Wärme zugeführt. Der Wärmeträger dampft aus den Kapillaren aus, der Dampf strömt axial ab. Eine eventuell vorhandene Transportzone ist dadurch gekennzeichnet, daß sie gegen die Umgebung wärmeisoliert ist. In der Kühlzone wird Wärme abgeführt. Der Dampf kondensiert hier und gibt dabei seine Verdampfungswärme ab. Das Kondensat wird durch die Saugwirkung der Kapilarstruktur zur Heizzone zurücktransportiert.

Durch diese Anordnung bildet das Wärmerohr ein leichtes Bauelement extrem hoher "Wärmeleitfähigkeit", dessen interner Stofftransport ohne bewegliche Teile vonstatten geht und in Grenzen auch gegen die Schwerkraft und gegen Beschleunigungskräfte aufrechterhalten werden kann.

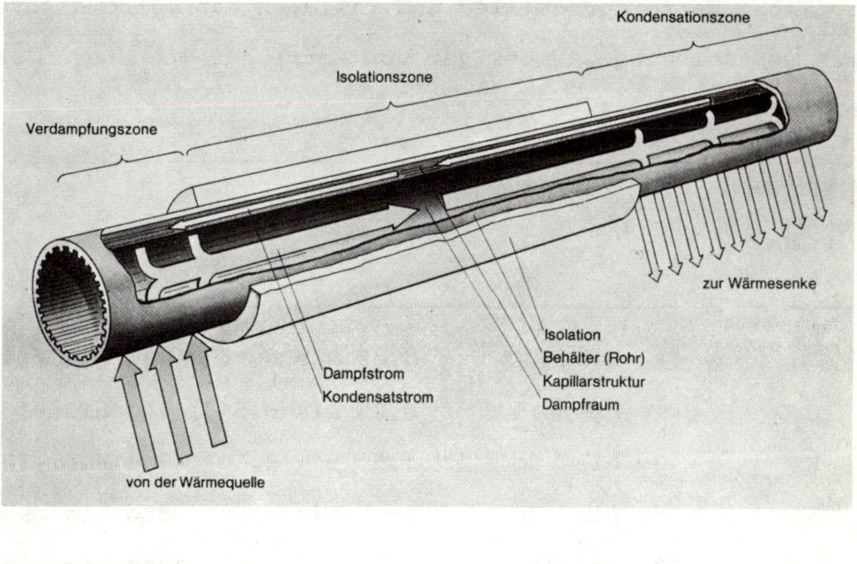

Abb. 10.1: Schematische Darstellung eines Wärmerohrs. Die angedeutete Kapilarstruktur ist die eines Wärmerohrs der zweiten Generation (Rillenkapillarstruktur)

10.2 WICHTIGE EIGENSCHAFTEN VON WÄRMEROHREN

Zu den wichtigsten Eigenschaften des Wärmerohres gehören:

- es lassen sich sehr hohe spezifische Wärmeleistungen sowohl in Wärmetransportrichtung als auch an der Heizfläche erreichen (extrem hohe "Wärmeleitfähigkeit", je nach Ausführung z.B. etwa 10 000. λ_{Cu}),
- es sind keine bewegliche Teile erforderlich,
- es tritt kein nennenswerter Temperaturabfall im Transportelement auf,
- es treten keine Wartungsarbeiten auf (wartungsfreier Betrieb).

Typische Werte der axialen und radialen Wärmestromdichten für verschiedene Wärmeträger und Betriebstemperaturen enthält Tabelle 10.1.

Wärmeträger	$\dot{w}_{ax}$ kW/m^2 . 1o^3	$\dot{w}_{rad}$ kW/m^2 . 1o^3	T in ^oC
NH_3	2 bis 4	o,o5 bis o,15	2o bis 4o
H_2O	1o bis 15	o,25 bis o,5(1)	14o bis 18o
K	3o bis 5o	1,5 bis 2,5	7oo bis 75o
Na	5o bis 7o	2 bis 4	85o bis 95o
Li	12o bis 15o		14oo bis 16oo

Tab.10.1: Typische Leistungsdaten von Wärmerohren und zugehörige Betriebstemperaturen

10.3 TEMPERATURBEREICHE UND MATERIALIEN

Wärmeträger im Wärmerohr oder eventuell im Wärmespeicher und die Wärmespeichernde Masse müssen aufeinander abgestimmt sein.

Die derzeitigen Einsatzmöglichkeiten von Wärmerohren liegen im Temperaturbereich zwischen(-200 und 2000) °C. Man kann die Wärmerohre nach ihrem Betriebsbereich folgendermaßen einteilen:

Temperaturbereich °C	Wärmerohr-Kategorie
< -100	Tieftemperatur-Wärmerohre
-100 bis 300	Niedertemperatur-Wärmerohre
300 bis 1200	Mitteltemperatur-Wärmerohre
> 1200	Hochtemperatur-Wärmerohre

Als Wärmeträger im Wärmerohr werden z.B. verwendet (geordnet nach Betriebstemperatur):

. Sauerstoff, Stickstoff,

. niedere Kohlenwasserstoffe, Kältemittel, Alkohole,

. Amoniak, Wasser, Öle,

. Quecksilber, Caesium, Kalium, Natrium,

. Lithium und Silber.

Verwendete Strukturmaterialien sind vor allem Aluminium, Kupfer, hochlegierte Stähle und für Hochtemperatur-Wärmerohre Niob,1% Zirkon, Wolfram und Wolframlegierungen. Abb.10.2 zeigt ein Schaubild von Wärmerohrträgern für verschiedene Betriebstemperaturen mit Zahlenangaben für die Dampfdrücke.

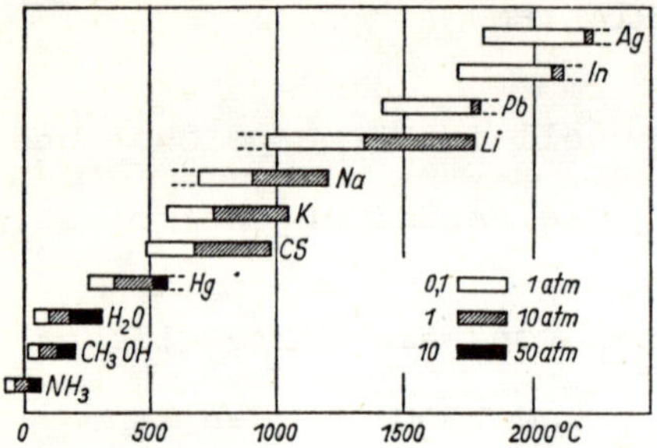

Abb.10.2: Schaubild von Wärmerohr-Wärmeträgern für verschiedene Betriebstemperaturen mit Zahlenangaben für die Dampfdrücke

10.4 KONSTRUKTIONSPRINZIPIEN

Die ersten Wärmerohre waren einfach aufgebaut. Ihre Kapillarstruktur bestand aus einigen Lagen Netz an der Innenwand oder aus zahlreichen feinen in die Wand eingeschnittenen Längsrillen. Bei dieser ersten Generation von Wärmerohren diente somit die Kapillarstruktur einerseits zur Erzeugung des den Massenumlauf aufrechterhaltenden Kapillardrucks, andererseits stellte sie das notwendige Volumen zum Flüssigkeitsrücktransport von der Kühlzone zur Heizzone zur Verfügung. Bei der Wärmerohrauslegung war immer ein Kompromiß zwischen diesen beiden Erfordernissen zu schließen. Eine Verfeinerung der Kapillarstruktur (kleinerer Porendurchmesser) erhöht zwar die kapillare Saugwirkung, vergrößert aber auch den Strömungswiderstand der Flüssigkeit.

Ein nächster Schritt der Entwicklung führte bei den Wärmerohren der zweiten Generation zu einer Entkopplung von Kapilarkraft und Flüssigkeitsdruckabfall. Zum Transport der Flüssigkeit wurde ein besonderer Raum geschaffen (z.B. ein Kapilarstrumpf als Arterie), dessen große Querschnittsfläche einen kleinen Druckabfall ergibt. Zur Erzielung einer hohen Kapilarkraft kann eine sehr feine Netz- oder Gewinderillenstruktur verwendet werden. Abb. 10.3 zeigt die typische Bauform von Wärmerohren der zweiten Generation, die schon im Stirling-Motor ohne oder auch mit Wärmespeicher Anwendung gefunden hat.

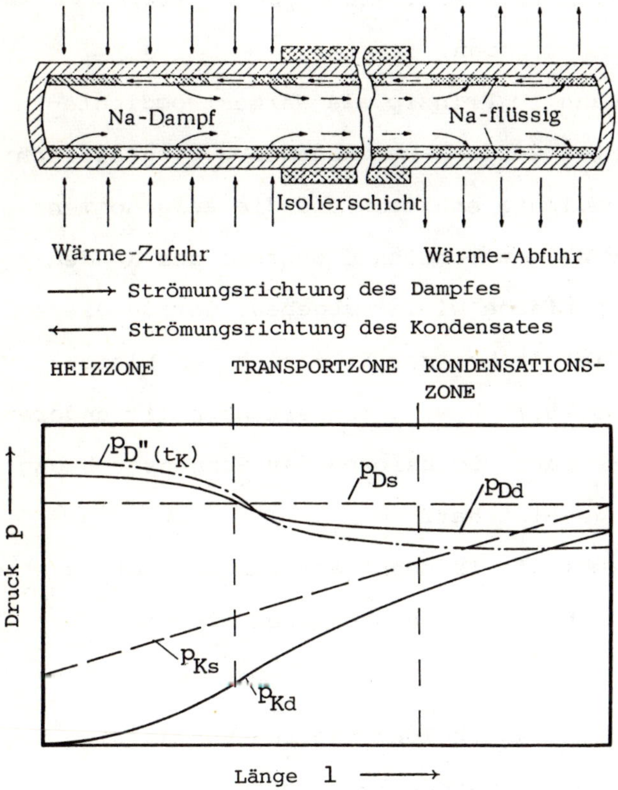

Abb. 10.3: Schnitt eines Wärmerohres mit der Druckverteilung (schematisch)

Wie aus der Abbildung ersichtlich, ist die Innenwand mit porösem Material beschichtet, das Natrium enthält. Wird eines der Rohrenden (hier das linke) erhitzt, so schmilzt und verdampft das Natrium. Der Dampf (Na-Dampf) strömt zum kalten Ende (rechts) und kondensiert dort, wobei Wärme abgegeben wird. Das kondensierte Natrium (Na-flüssig) strömt durch die poröse Schicht zurück zum warmen Ende. Zwischen den Stellen, an denen das Rohr Wärme aufnimmt bzw. abgibt, ist es mit einer Isolierschicht (Isolation) umgeben.

Das Wärmerohrsystem kann im Prinzip als Wärmestromdichte-Transformator betrachtet werden. Man kann es z.B. großflächig mit kleiner Wärmestromdichte erhitzen und die aufgenommene Wärmemenge mit großer Wärmestromdichte während des Kondensierens an eine kleine Fläche wieder abgeben. Gerade diese Eigenschaft ist es, die wir bei der Erhitzung von Flammgasen, wie es bis jetzt üblich war, sondern auch mit anderen Wärmequellen, wie z.B. durch fokusieren der Sonnenstrahlung wie es die Abb. 8.11 gezeigt hat.

Das Wärmerohr ermöglicht die Trennung des Stirlingmotors von der Wärmequelle. Dabei ergeben sich drei wichtige Vorteile:

. Da die Wärmeübertragung durch Kondensation von Natrium als unendlich groß betrachtet werden kann im Vergleich zur Wärmeleitung durch die Rohrwand und zur Wärmeübertragung an das Gas an der Innenseite der Rohre, kann das Stirlingsystem für konstante Außenwandtemperatur der Erhitzerrohre optimiert werden.

- Da das Wärmerohr als Transformator für die Wärmestromdichte dienen kann, können wir bei Erhitzung durch Fokusierung der Sonnenstrahlen die wärmeübertragende Fläche an dieser Seite groß machen, so daß ein hoher Wirkungsgrad erzielt wird.

- Da das Wärmerohrsystem nahezu isotherm arbeitet, kann eine höhere Lebensdauer erreicht werden.

Die Abb. 8.1o ist eine Prinzipzeichnung eines indirekten Erhitzungssystems durch die Fokusierung der Sonnenstrahlung.

10.5 GRENZEN DES ENERGIETRANSPORTS IN WÄRMEROHREN

Der prinzipielle Aufbau von Wärmerohren wurde bereits beschrieben. Dem Energietransport im Wärmerohr sind fünf Gruppen gesetzt.

- Der Druckabfall in Dampf und Flüssigkeit übersteigt die maximal mögliche Kapillardruckdifferenz.
- Die Energiezufuhr in der Heizzone übersteigt eine kritische Wärmestromdichte.
- Die Dampfgeschwindigkeit erreicht am Ende der Heizzone die Schallgeschwindigkeit.
- Die Dampfströmung reißt Flüssigkeitströpfchen aus dem Docht und unterbricht den Flüssigkeitstransport.

. Der Wand- oder Dochtwerkstoff löst sich im Transportmittel und verstopft beim Verdampfen des reinen Transportmittels die Kapillaren der Heizzone.

Wird eine dieser Grenzen erreicht, so führt dies zum Austrocknen des Dochtes in der Heizzone und damit zur Zerstörung der Rohrwand.

Die Grenzen des Wärmetransports sind auch durch die großen axialen Wärmeströme bei gleichzeitig hohen Heizflächenbelastungen gegeben. Für diesen Fall sind gerade die Gewinde-Arterien-Wärmerohre sehr vorteilhaft, da bei diesem Konstruktionsprinzip die Summe der hydraulischen Durchmesser des Flüssigkeitskanals und des Dampfkanals bei konstantem Gesamtquerschnitt den größtmöglichen Wert erreicht. Dabei ist zu beachten, daß der Durchmesser der Arterien einen Maximalwert nicht überschreiten darf, damit die Arterien unter dem Einfluß der Schwerkraft sich füllen können bzw. gefüllt bleiben. Die Abb.10-4 zeigt eine schematische Darstellung eines solchen Wärmerohrs.

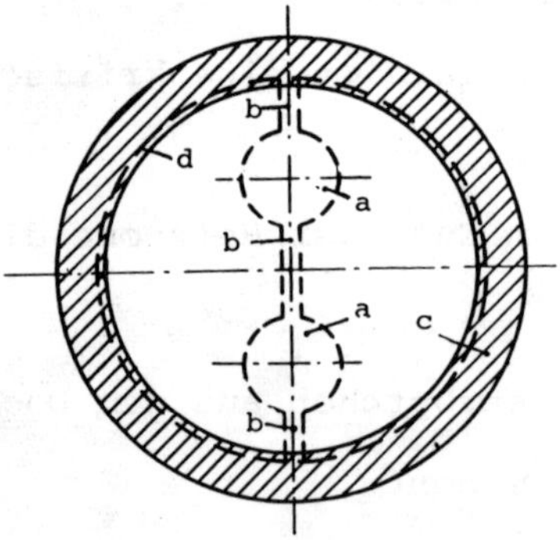

Abb.10.4: Querschnitt durch ein Gewinde-Arterien-Wärmerohr.
a- Netzarterie, b- Kapillarsteg, c- Gewinderille, d- Rohrwand

In der Heizzone erzeugt der Meniskus, der sich in den Rillengrund des Gewindes zurückzieht, die Kapillardruckdifferenz, welche für den Flüssigkeitstransport von der Arterie zur beheizten Wand notwendig ist. Auf diese Weise bleibt die gesamte Kapillardruckdifferenz, welche der maximalen Rillenbreite entspricht, für den axialen Transport erhalten. Das Gewinde hat eine Steigung von o,3 mm und eine Gewindetiefe von rd. o,2 mm. Dieses Konstruktionsprinzip bietet die Möglichkeit, die Dochtgeometrie dem gewünschten Anwendungsfall anzupassen L(14).

11.0 K O N Z E P T   E I N E S   S O L A R E N   K L E I N K R A F T W E R K E S   M I T   D E M   S P I L L I N G - M O T O R

Die Umwandlung der Sonnenenergie in elektrische Energie vollzieht sich in folgenden Schritten:

1. Sammlung der Sonneneinstrahlungsenergie und deren Umwandlung in Wärmeenergie,
2. Umwandlung der Wärmeenergie in mechanische Energie,
3. Umwandlung der mechanischen Energie in elektrische Energie.

Für jeden dieser Schritte existieren gute Methoden und Geräte bzw. Maschinen, nur sind leider insbesondere die Schritte 1. und 2. nicht bestens aufeinander abgestimmt. Die in großer Zahl vorhandenen und preiswerten solaren Flachkollektoren erzeugen Temperaturen von weniger oder bestenfalls von etwas über 1oo °C, während die gebräuchlichen Wärmekraftmaschinen (Kolbendampfmaschinen und Turbinen) Heißdampf von mehreren hundert Grad Celsius und entsprechenden Druck benötigen, um mit einem guten Wirkungsgrad zu arbeiten (Carnot-Kreisprozeß).

Um normale Wärmekraftmaschinen verwenden zu können, müßten also hochwertige Parabolkollektoren gebaut werden, wobei die Wirtschaftlichkeit hier nur bei großen Einheiten gegeben ist.

Trotz des hohen Aufwandes werden schon die sogenannten "solar power farms" und "solar powet towers" in Gegenden hoher Sonneneinstrahlung geplant und errichtet.
Bis zum Enderfolg dieser Systeme werden aber noch Jahre vergehen und gerade in Entwicklungsländern, die weitab jeglicher Infrastruktur liegen, wäre es besonders wünschenswert kleinere Solarkraftwerke zu bauen, um gewisse Gebiete dezentral mit Energie zu versorgen.

Am Institut für Energiewirtschaft und Wärmeübertragung an der Fachhochschule Gießen ist ein Konzept eines kleinen solaren Kraftwerkes ausgearbeitet worden.
Das Kraftwerk kann mit einfachsten und billigsten Mitteln gebaut werden und ist für die dezentrale Versorgung mit Energie in Entwicklungsländern gedacht.

11.1. ARBEITSWEISE DES SONNENKRAFTWERKES

Da auch unter günstigen Bedingungen in solaren Flachkollektoren Temperaturen über 12o °C kaum erreichbar sind, erscheint der Einsatz von Wasser als Arbeitsmedium ungeeignet, weil der dabei entstehende Dampf zu Krafterzeugung ungeeignet ist.

Ein Kältemittel hingegen, welches bei den erreichbaren Temperaturen vergleichsweise höhere Drücke als Wasser aufweist, bietet sich zur Entspannung in einer geeigneten Kraftmaschine an. Anstelle einer Turbine ist für die Entspannung des Kältemitteldampfes ein Spilling- Dampfmotor gewählt worden, da dieser unter den gegebenen Bedingungen einen günstigeren thermodynamischen Wirkungsgrad aufweist.

Aus wirtschaftlichen und technischen Aspekten wurde ein Zweikreissystem gewählt, wobei im Primärkreislauf Wasser, im Sekundärkreislauf Kältemittel als Arbeitsmittel dient. In den Abbildungen 11.1 und 11.2 sind räumliche Anordnung und Schaltbild des Kraftwerkes dargestellt.

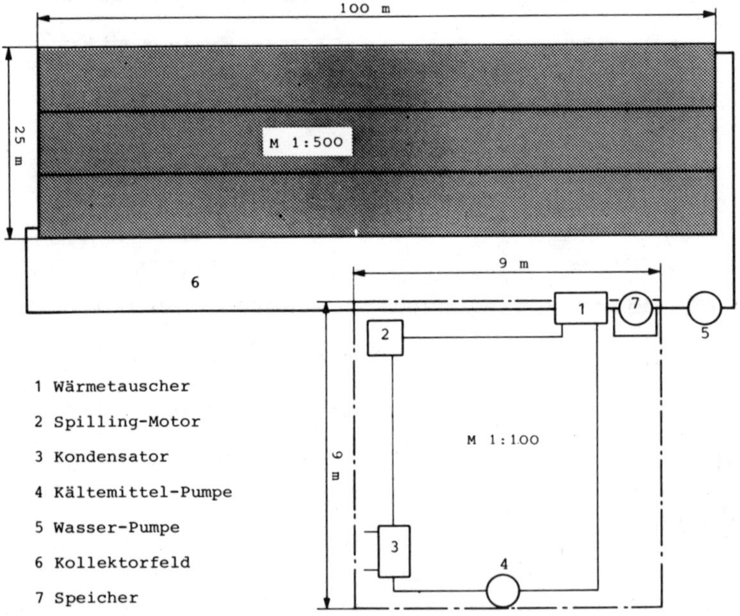

Abb.11.1: Räumliche Anordnung des Sonnenkraftwerkes

Das Wasser des Primärkreislaufes wird in den Flachkollektoren (6) erwärmt und durch eine Umwälzpumpe (5) zum Wärmetauscher (1) gepumpt, in dem der Wärmeaustausch zum verdampfenden Kältemittel stattfindet. Das Kältemittel, welches den Wärmetauscher als Sattdampf verläßt, gelangt zum Spilling-Motor (2), wo die Wärmeenergie unter Enthalpieabnahme in mechanische Energie umgewandelt wird. Der Kältemitteldampf wird im Kondensator (3) durch Meerwasser verflüssigt. Das Kondensat wird durch eine Umwälzpumpe (4) wieder dem Wärmetauscher zugeführt. Damit der Spilling-Motor kontinuierlich arbeiten kann, ist in den Primärkreislauf ein Speicher (7) integriert, welcher bei wechselnder Sonneneinstrahlung als Wärme-Puffer wirkt. Die Inbetriebnahme der Pumpen während des Anfahrvorganges erfolgt durch ein Anlaßaggregat.

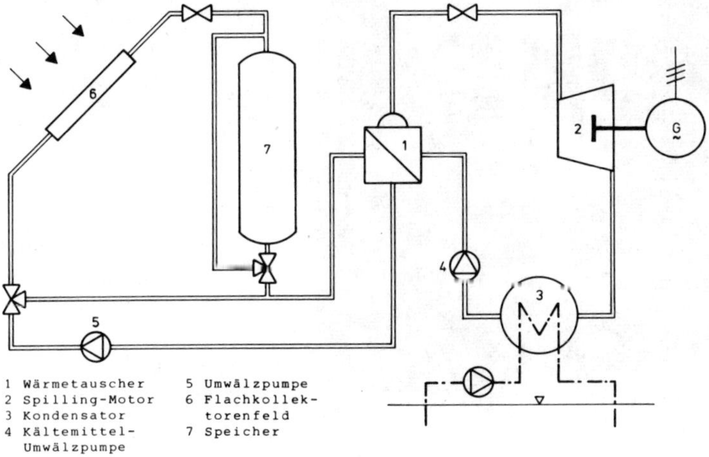

Abb.11.2: Schaltbild des solaren Kleinkraftwerkes mit Spillingmotor (Entwurf FH-Gießen)

11.2 SPILLING MOTOR

Die Auslegung der Anlage beruht auf dem von der Fa. Spilling angebotenen Dampfmotor-Basismodell von 37 kWel. Durch die Baukastenbauweise des Spillingmotors kann die Leistung durch Aneinanderreihung von mehreren Einheiten bis zu ihrem fünffachen Wert gesteigert werden, bei entsprechender Dampfversorgung. Die Normdrehzahlen der Grund-Leistungseinheiten betragen 750, 1000 und 1500 1/min. Da dies Normdrehzahlen für Drehstromgeneratoren sind, ist eine direkte Kopplung möglich. Abb. 11.3 zeigt das Basismodell des Spilling-Motors von 37 kW (mit Kupplung).

Abb.11.3: Das Basismodell des Spilling-Motors der Fa. Spilling, Hamburg

Der optimale Einsatz des Spilling-Motors liegt bei Druckverhältnissen von Eintrittsdruck zu Austrittsdruck zwischen 2,5 und 4,o bar absolut. In diesem Druckbereich kann mit Gütegraden zwischen 85 und 75 % gerechnet werden. Der mechanische Wirkungsgrad liegt bei ca. 9o %. Richtwerte für den optimalen Einsatz des Spilling-Motors sind in der Abb.11.4 schematisch dargestellt.

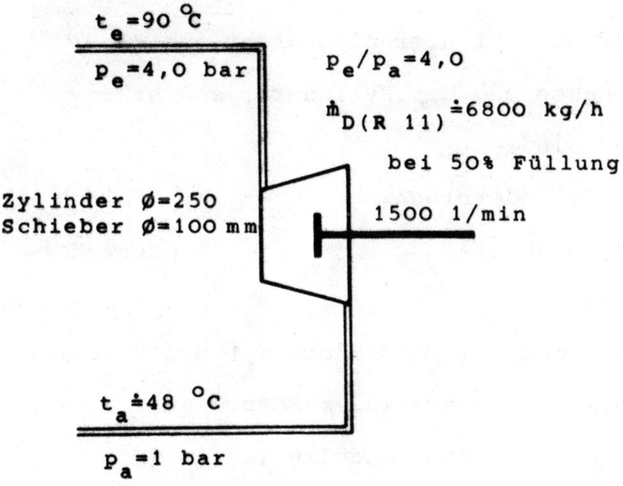

Abb.11.4: Richtwerte für den optimalen Einsatz des Spillingmotors in einem solaren Kraftwerk. Arbeitsmedium: R11

11.2.1 Die Baukastenbauweise und ihre Vorteile

Die Baukastenweise beruht darauf, daß die nach ihr gebaute Maschine konstruktiv aus mehreren in sich geschlossenen

Bauelementen besteht, die baukastenartig zur fertigen Maschine zusammengebaut werden. Beim Spilling-Dampfmotor ist dieses Baukasten-Prinzip in einer Weise durchgeführt und vervollkommnet, wie sie im Welt-Kraftmaschinenbau einmalig ist.

Im Gegensatz zu anderen Dampfmaschinen ist der Spilling-Dampfmotor nicht horizontal, sondern vertikal gegliedert. Ein Vierzylinder-Motor besteht hier also nicht aus einer Grundplatte, einem Gehäuse und den Zylindern, sondern seine "Grundbausteine" sind:

1 Triebwerksblock + 1 Zylinderblock	= 1 Mototblock
1 Motorblock (Leistungseinheit)	= 1 Einzyl.-Motor
1 Motorblock + 1 Motorblock	= 1 Zweizyl.-Motor
1 Motorblock + 1 Motorblock + 1 Motorblock	= 1 Dreizyl.-Motor

usw. bis zum Zehnzylinder-Motor

Die Erweiterungsfähigkeit des Basismodells ist in der Abb. 11.5 schematisch dargestellt.

Abb. 11.5: Schematische Darstellung der Erweiterungsfähigkeit des Basismodells

Durch diese Bauweise aus baukastenartig zusammengefügten Motorblöcken bzw. Leistungseinheiten ergibt sich die Möglichkeit der leistungsmäßigen Erweiterung des Spilling-Motors am Aufstellungsort.

Erweist sich also die Leistung des aufgestellten Dampfmotors nach längerer Betriebszeit als nicht mehr ausreichend, so kann sie durch nachträglichen Anbau eines oder mehrerer Motorblöcke bzw. Leistungseinheiten entsprechend erhöht und dem gestiegenen Bedarf angepaßt werden. Bei Neuplanungen braucht man daher auch keine höheren Maschinenleistungen mit Reservezuschlag und damit größeren Kapitalaufwand zu wählen, als es dem tatsächlichen augenblicklichen Bedarf entspricht, weil der Spilling-Dampfmotor mit dem Betrieb selbst wachsen kann. Der Baukasten besteht aus Zylinder- und Triebwerksblock sowie einer zugehörigen Steuerwelle.

11.3 AUSWAHL DES KOLLEKTORTYPS

Um einen möglichst geringen Bauaufwand zu erreichen, wurden Flachkollektoren eingesetzt. Als Berechnungsgrundlage dienten Unterlagen der Fa. John & Co. Zu den technischen Daten gehören:

- Länge x Breite = 2,0 x 1,3 m,
- Gesamtfläche = 2,6 m^2, effektive Nutzfläche = 2,4 m^2,
- k-Wert nach oben und nach unten = 2,32 bzw. 0,46 W/m^2 K,

. Gesamtabsorptions-, -emissions- und -transmissionsgrad

a = 0,945; ε = 0,725; t = 0,8.

Weitere Angaben sind direkt den Unterlagen der Fa. John & Co. zu entnehmen.

11.4 ANORDNUNG DER KOLLEKTORFLÄCHE

Die Gesamtanordnung der Kollektorfläche, die sich aus dem Rechengang ergab, ist mit ihren Abmessungen in der Abb.11.6 dargestellt. Die gesamte Rohrführung (Vorlauf-, Rücklauf- und Verteilungsleitungen) ist rechnerisch untersucht worden.

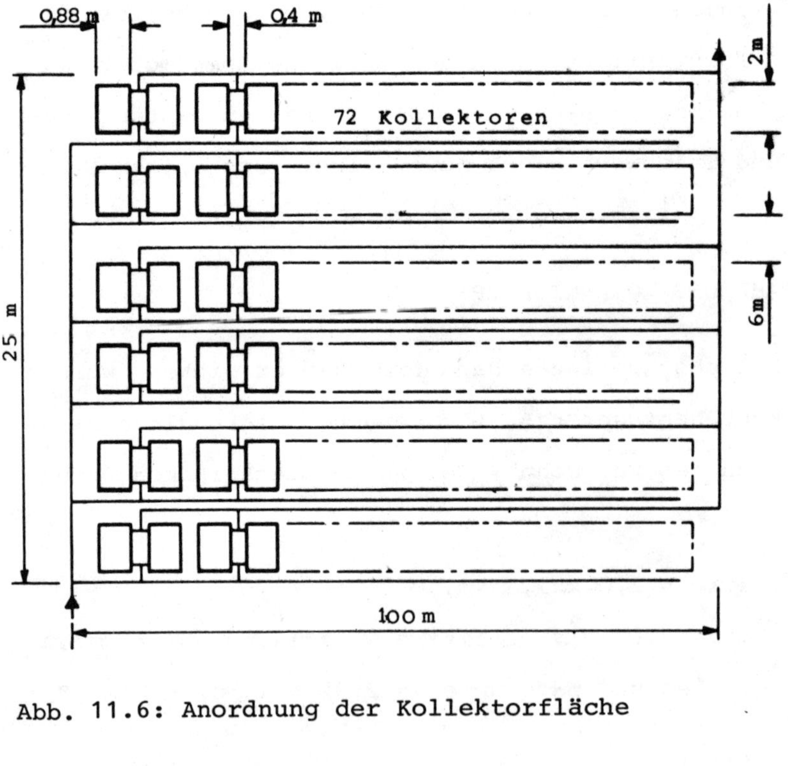

Abb. 11.6: Anordnung der Kollektorfläche

11.5 AUSWAHL DES KÄLTEMITTELS

Um bei gegebener Kondensationstemperatur eine größtmögliche Enthalpiedifferenz im Spilling-Dampfmotor nutzen zu können, wurde aus einer Anzahl geeignet erscheinender Kältemittel (R12, R113, R114, R11) das Kältemittel R11 als Wärmeträger gewählt, da dieses bei dem vorgegebenen Druckverhältnis $p_V/P_k = 4$ die größte Enthalpiedifferenz aufweist. Die dazu gehörende Verdampfungstemperatur beträgt $t_V = 93\ ^{\circ}C$. (Siehe dazu Tabelle III, Anhang).

Die Abb. 11.7 zeigt die Zustandsänderung für das gewählte Kältemittel R11.

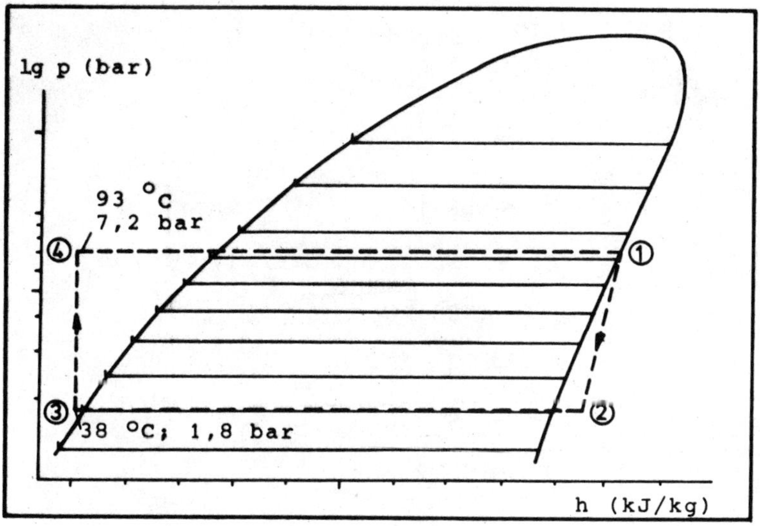

Abb. 11.7: Verlauf der Zustandänderung für R11 als Wärmeträger

11.6 TECHNISCHE DATEN

<u>Solarkreis</u>

Kollektor	- Flachkollektor d.Fa. John % Co.
Kollektorfläche	- 732 m^2 Netto
Spezifische Kollektorfläche	- 24,4 m^2/kW (Netto)
Wassereintrittstemperatur	- 7o ^{o}C
Wasseraustrittstemperatur	- 95 - 12o ^{o}C
Wasserdurchsatz	- 3,95 ^{48}/S
Speicher	- Ermöglicht den kontinuierlichen Betrieb der Anlage, bei einer Temperaturabsenkung im Solarkreis auf 8o ^{o}C, für eine halbe Stunde
Speicherkapazität	- 5,o m^3

<u>Frigenkreis</u>

Arbeitsmedium	- R 11
Kraftmaschine	- Spillingmotor Typ 4o/5o
abgegebene Leistung	- 33 kW
Drehzahl	-
Eintrittstemperatur	- 93 ^{o}C
Eintrittsdruck	- 7,2 bar
Ausgangstemperatur	- 53 ^{o}C
Ausgangsdruck	- 1,8 bar
Wärmetauscher	- 512 kW
Frigendurchsatz	- 2,42 ^{48}/S

Kondensatorkreis

Kühlmittel	-	Wasser
Wassereintrittstemperatur	-	28 °C
Wasseraustrittstemperatur	-	4o °C
Wasserdurchsatz	-	3 ^{48}/S
Kondensatorleistung	-	47o kW

Generator

Typ	-	Drei-Phasen-Drehstrom-generator mit Normdrehzahl
Leistung	-	3o kVA
Spannung	-	38o V

S C H L U S S W O R T

Die Problematik der Krafterzeugung mit Hilfe der Sonnenenergie umfaßt im wesentlichen:

. Fokusierung der Strahlungsenergie,

. Wärmespeicherung,

. Wärmetransport vom Brennpunkt zur Kraftmaschine,

. Energiewandlung: Wärme - Kraft.

Diese Arbeit bildet einen globalen Überblick über die weiteren Möglichkeiten, die sich bei der Ausnutzung der Sonnenenergie bieten. Sie ist zukunftsorientiert und soll als Beitrag zur Lösung der stetigen Energieknappheit angesehen werden.

Allerdings muß gesagt werden, daß die Krafterzeugung mit Hilfe der Sonnenenergie nicht überall wirtschaftlich ist. Die Globalstrahlung ist nicht alleine von der geographischen Breite abhängig. Wolkenbildung, relative Feuchte und Trübfaktor sind die wichtigsten Punkte bei der Standortfrage für solche Einrichtungen. Der niedrige Wirkungsgrad dieser Kleinkraftwerke könnte in Kauf genommen werden, wenn die Investitionskosten einen niedrigen Wert erreichen würden.Dies ist aber nicht zu erwarten, obwohl die Sonnenenergie kostenlos einstrahlt und die Betriebskosten für Brennstoffe entfallen. Diese Kleinkraftwerke könnten aber die abseits liegende Gebiete elektrifizieren und zu der Gesamtanhebung des Lebensstandards beitragen.

A N H A N G

A1: <u>ABLEITUNG DER SOLARKONSTANTE</u> $\dot{w}_{SNO}$ (Symbolik aus Abb.4.2 + Anlage A5).

Die Sonne verhält sich ungefähr wie ein "Schwarzer Körper". Bei der Ableitung gehen wir von der Punktstrahlung aus. Die Solarkonstante wird in zwei Schritten berechnet:

SONNENSTRAHLUNG ⟶ PUNKTSTRAHLUNG
PUNKTSTRAHLUNG ⟶ SOLARKONSTANTE

Solarkonstante ist die extraterestrische, spezifische solare Bestrahlungsstärke.

$$\dot{W}_{SN,1} = A_{SN} \cdot \dot{w}_{SN,1} = 4\pi . r_{SN}^{2} . C_S . (\frac{T_{SN}}{100})$$

$$\dot{w}_{(r=1)} = \frac{\dot{W}_{SN,1}}{4\pi . 1^2} \quad \text{und} \quad \dot{w}_{(r)} = \frac{\dot{W}_{SN,1}}{4\pi . r^2} \Rightarrow \frac{\dot{w}_{(r=1)}}{\dot{w}_{(r)}} = r^2 \Rightarrow \dot{w}_{(r)} = \frac{\dot{w}_{(r=1)}}{r^2}$$

Wir bezeichnen: $\dot{w}_{(r_{SN})} \equiv \dot{w}_{SN,1}$ und $\dot{w}_{(r_{SN,E})} \equiv \dot{w}_{SNO}$

$$\dot{w}_{SN,1} = \frac{\dot{w}_{(r=1)}}{r_{SN}^2} \quad \text{und} \quad \dot{w}_{SNO} = \frac{\dot{w}_{(r=1)}}{r_{SN,E}^2} \Rightarrow \dot{w}_{SN,1} . r_{SN}^2 = \dot{w}_{SNO} . r_{SN,E} \Rightarrow$$

$$\dot{w}_{SNO} = \dot{w}_{SN,1} . \frac{r_{SN}^2 .}{r_{SN,E}^2}$$

Numerisch für $C_S = 5,663 \text{ W/m}^2 \text{ K}^4$ und $T_{SN} = 5762$ K

$$\dot{w}_{SNO} = 5,663 . (\frac{5762}{100})^4 . \frac{(\frac{1,392.10^6.10^3}{2})^2}{(1,5.10^8.10^3)^2} = 1343,9 \quad \text{W/m}^2$$

(Die "genormte" Solarkonstante beträgt : $\dot{w}_{SNO} = 1353 \quad \text{W/m}^2$.Die Abweichung vom "Schwarzen" Körper ist für das gesamte Wellenlängengebiet vernachlässigbar.)

Tab. I: Die Erdölreserven in Millionen Tonnen

Region	Nachgewiesene Reserven	%	Produktion (1972)	Lebens-Index in Jahren Statisch	Dynamisch 5 %
1 Nordamerika	6294	7,1	537,o	12	9
2 Westeuropa	1691	1,9	21,1	8o	33
3 Japan	3	o,oo3	o,73	4	4
4 Australien usw.	315	o,3	21,o4	15	11
5 Osteuropa	1o5o8	11,8	41o,44	26	17
6 Lateinamerika	4364	4,9	232,8o	19	14
7 Mittlerer Osten usw.	58754	65,8	1oo6,57	58	28
8 Tropisch-Afrika	3o52	3,4	1o1,o2	3o	19
9 Südasien	168o	1,9	72,7	23	16
1o China	261o	2,9	24,91	1o5	38
W e l t	89271	1oo	2428,31	37	21

Diese Angaben enstammen den L (15) bis L (19)

Tab. II: Erdgas-Reserven in Milliarden Kubikmetern

Region	Nachgewiesene Reserven	%	Prokution (1972)	Lebens-Index in Jahren Statisch	Dynamisch 5 %
1 Nordamerika	9244	17,3	713	13	1o
2 Westeuropa	5o56	9,5	124	41	22
3 Japan	11	o,o2	3	4	4
4 Australien usw.	15o9	2,8	3	438	64
5 Osteuropa	18219	34,2	264	69	31
6 Lateinamerika	2243	4,2	93	24	16
7 Mittlerer Osten usw.	13733	25,8	55	248	53
8 Tropisch-Afrika	1359	2,5	2	648	72
9 Südasien	1348	2,5	13	1o1	37
1o China	595	1,1	4	15o	44
W e l t	53317	1oo	1299	41	23

Tab. III: Kohle-Reserven (einschließlich Braunkohle) in 10^6 t

Region	Nachgewiesene Reserven	%	Produktion (197o)	Lebens-Index in Jahren Statisch	Dynamisch 2 %
1 Nordamerika	688o25	16,5	556	1237	164
2 Westeuropa	7o673	1,7	385	184	78
3 Japan	1oo57	o,24	4o	253	91
4 Australien usw.	68652	1,65	11o	652	131
5 Osteuropa	2457348	59,13	821	2993	2o7
6 Lateinamerika	11o97	o,27	9	1214	163
7 Mittlerer Osten usw.	58	o,oo1	1	75	46
8 Tropisch-Afrika	6588	o,16	4	1555	175
9 Südasien	56855	1,32	88	646	133
1o China	7863o3	18,92	396	1988	187
W e l t	4155656		241o	1725	18o

Tab. IV: Zur Auswahl des geeigneten Kältemittels für den Spilling-Motor

Kondensationstemperatur $t_K = 38\ ^oC$, Druckverhältnis $p_V/p_K = 4$ — INDIZES: V - Verdampfung, K - Kondensation

KÄLTEMITTEL	t_V °C	p_K bar	p_V bar	h_1 kJ/kg	h_2 kJ/kg	h_3 kJ/kg	$\dot{w}_L$ kJ/kg	$\dot{w}_K$ kJ/kg	$\dot{w}_V$ kJ/kg
R 11	93	1,8	7,2	1008	988	803	20	185	205
R 12	117	9,6	38,4	391	375	237	16,0	138	154
R 113	86	0,778	3,11	631,2	615,5	453,1	16,0	160,25	178,4
R 114	97,8	3,468	13,872	616,1	598	458,2	18,1	139,8	157,9

HIERBEI: $\dot{w}_{L,K,V}$ - spezifische polytropische Expansionsarbeit, Kondensations- und Verdampfungswärme

Tab. V. DIE SPEKTRALE VERTEILUNG DER EXTRATERRESTRISCHEN STRAHLUNG

λ	A_λ	D_λ	λ	A_λ	D_λ
0,120	0,00059992	0,00044	0,600	48,2796	35,683
0,140	0,00072999	0,00053	0,605	49,1079	36,295
0,150	0,00077999	0,00057	0,610	49,9284	36,902
0,160	0,00092999	0,00068	0,620	51,5469	38,098
0,170	0,00135999	0,00100	0,630	53,1329	39,270
0,180	0,00229999	0,00169	0,640	54,6899	40,421
0,190	0,00427999	0,00316	0,650	56,2174	41,550
0,200	0,010984	0,0081	0,660	57,7159	42,657
0,210	0,027784	0,0205	0,670	59,1869	43,744
0,220	0,067984	0,0502	0,680	60,6284	44,810
0,225	0,098584	0,0728	0,690	62,0429	45,855
0,230	0,131484	0,0971	0,700	63,4284	46,879
0,235	0,162984	0,1204	0,710	64,7849	47,882
0,240	0,193559	0,1430	0,720	66,1139	48,864
0,245	0,227384	0,1680	0,730	67,4159	49,826
0,250	0,263059	0,1944	0,740	68,6909	50,769
0,255	0,306659	0,226	0,750	69,9384	51,691
0,260	0,365159	0,269	0,800	75,7934	56,018
0,265	0,443909	0,328	0,850	81,0309	59,889
0,270	0,548159	0,405	0,900	85,7234	63,358
0,275	0,657159	0,485	0,950	90,0334	66,543
0,280	0,763659	0,564	1,000	93,9859	69,464
0,285	0,897909	0,663	1,100	100,675	74,409
0,290	1,09715	0,810	1,200	106,055	78,385
0,295	1,36365	1,007	1,300	110,455	81,637
0,300	1,63815	1,210	1,400	114,115	84,342
0,305	1,91740	1,417	1,500	117,230	86,645
0,310	2,24040	1,665	1,600	119,885	88,607
0,315	2,60365	1,924	1,700	122,115	90,255
0,320	3,00215	2,218	1,800	123,920	91,589
0,325	3,45340	2,552	1,900	125,345	92,642
0,330	3,96190	2,928	2,000	126,490	93,489
0,335	4,49690	3,323	2,100	127,455	94,202
0,340	5,03565	3,721	2,200	128,300	94,826
0,345	5,57140	4,117	2,300	129,035	95,370
0,350	6,11190	4,517	2,400	129,695	95,858
0,355	6,65590	4,919	2,500	130,285	96,294
0,360	7,19365	5,316	2,600	130,795	96,671
0,365	7,74365	5,723	2,700	131,250	97,007
0,370	8,32190	6,150	2,800	131,660	97,3103
0,375	8,90640	6,582	2,900	132,030	97,5838
0,380	9,47565	7,003	3,000	132,360	97,8277
0,385	10,0301	7,413	3,100	132,645	98,0383
0,390	10,5791	7,819	3,200	132,888	98,2179
0,395	11,1509	8,241	3,300	133,097	98,3724
0,400	11,8054	8,725	3,400	133,276	98,5047
0,405	12,5736	9,293	3,500	133,432	98,6200
0,410	13,4224	9,920	3,600	133,573	98.7238
0,415	14,3036	10,571	3,700	133,702	98,8192
0,420	15,1839	11,222	3,800	133,819	98,9056
0,425	16,0439	11,858	3,900	133,926	98,9847
0,430	16,8769	12,473	4,000	134,025	99,0579
0,435	17,7024	13,083	4,100	134,116	99,1252
0,440	18,5706	13,725	4,200	134.198	99,1861
0,445	19,5036	14,415	4,300	134,273	99,2412
0,450	20,4856	15,140	4,400	134,341	99,2915
0,455	21,5014	15,891	4,500	134,403	99,3373
0,460	22,5321	16,653	4,600	134,459	99,3787
0,465	23,5606	17,413	4,700	134,509	99,4160
0,470	24,5809	18,167	4,8	134,556	99,4504
0,475	25,6001	18,921	4,9	134,599	99,482195
0,480	26,6296	19,681	5,0	134,63905	99,511500
0,485	27,6421	20,430	6,0	134,91805	99,717708
0,490	28,6236	21,155	7,0	135,05505	99,818965
0,495	29,6011	21,878	8,0	135,13455	99,877723
0,500	30,5766	22,599	9,0	135,18355	99,913939
0,505	31,5421	23,312	10,0	135,21505	99,937220
0,510	32,4926	24,015	11,0	135,23605	99,952742
0,515	33,4214	24,701	12,0	135,25055	99,963458
0,520	34,3379	25,379	13,0	135,26090	99,971108
0,525	35,2591	26,059	14,0	135,26800	99,976356
0,530	36,1826	26,742	15,0	135,27320	99,980199
0,535	37,0976	27,418	16,0	135,27755	99,983414
0,540	37,9979	28,084	17,0	135,28100	99,985964
0,545	38,8821	28,737	18,0	135,28375	99,987997
0,550	39,7519	29,380	19,0	135,28595	99,989623
0,555	40,6131	30,017	20,0	135,28775	99,990953
0,560	41,4669	30,648	25,0	135,29328	99,995036
0,565	42,3169	31,276	30,0	135,29555	99,996718
0,570	43,1711	31,907	35,0	135,29670	99,997568
0,575	44,0289	32,541	40,0	135,29734	99,998037
0,580	44,8874	33,176	50,0	135,29800	99,998525
0,585	45,7441	33,809	60,0	135,29828	99,998736
0,590	46,5971	34,439	80,0	135,29854	99,998928
0,595	47,4426	35,064	100,0	135,29864	99,999002
			1000,0	135,30000	100,000000

Tab. VI: Brechungszahl n für einige Glasarten in der Abhängigkeit von der Wellenlänge λ relativ zu der Luft

G l a s a r t	W e l l e n l ä n g e λ (µm)							
	0,361	0,434	0,486	0,589	0,665	0,768	1,20	2,0
Zink-Kronglas	1,539	1,528	1,523	1,517	1,514	1,511	1,505	1,497
Hoch-Dispersions-Kronglas	1,546	1,533	1,527	1,520	1,517	1,514	1,507	1,497
Flintglas	1,614	1,594	1,585	1,575	1,571	1,567	1,559	1,549
Schwerflintglas	1,705	1,675	1,664	1,650	1,644	1,638	1,628	1,617
Sehr schweres Flintglas	-	1,945	1,919	1,890	1,879	1,867	1,848	1,832

BEMERKUNG: Na-Licht hat die Wellenlänge λ = 0,5893 µm und wird am häufigsten bei der Ermittlung der Brechzehl in dem Bereich des Sonnenspektrums benutzt.
Brechzahl (Brechindex) auch Reflaktionskoeffizient genannt.

Tab. VII: Empfohlene Sonnenkraftwerkssysteme für verschiedene erreichbare Arbeitstemperaturen

Nr.	Strahlungsempfänger (Kollektortyp)	erreichbare Temperatur °C	M e d i u m f ü r		Wärmekraftmaschine
			Wärmetransport	Wärmekraftmaschine	
1	Flachkollektor	120	Wasser	Freondampf	Dampfmaschine
2	Parabolrinne	180	Wasser	Freondampf	Dampfmaschine
3	Parabolrinne	280	Wasser	Wasserdampf	Dampfturbine
4	Paraboloid (verteilt/zentral)	500	Wasserdampf	Wasserdampf	Dampfturbine
5	Heliostat	500	Wasserdampf	Wasserdampf	Dampfturbine
6	Paraboloid (verteilt/zentral)	500 - 800	Natrium/Luft	Luft	Stirlingmotor
7	Heliostat	800	Luft	Luft	Offene Gasturbine

Tab. VIII: Durchschnittswert des Extinktionskoeffizienten K für einige Abdeckfolien in dem Bereich des solaren Spektrums

Material	Extinktionskoeffizient K	
	per mil	1/m
Tedlar	0,0036	914,4
Teflon FEP	0,0015	381,0
Mylar	0,0052	1320,8
Polyäthylen	0,0042	1066,8

BEMERKUNG: "per mil" ist die englische Bezeichnung für 1 in.10^{-6}

Beispiel: Da 1 Zoll = 2,54.10^{-2} m ist, dann z.B. für Tedlar-Folie:

$$K = 0{,}0036 \text{ per mil} = 0{,}0036 . 2{,}54 . 10^{2} . 10^{3} = 914{,}4 \text{ 1/m}$$

Tab. IX: Brechungszahl n für einige Abdeckfolien und Glasarten

Material	Temperatur °C	Wellenlänge in µm	
		0,58932	0,7682
Tedlar PVF	30	1,46	-
Teflon FEP	25	1,376	-
Mylar	25	1,655	-
Gebräuchliches Kronglas	25	1,51714	1,51160
Leichtes Flintglas	25	1,574006	1,56762
Mittelschweres Flintglas	25	1,62725	1,61701
Schweres Flintglas	25	1,65548	1,64405
Canada-Balsamöl	30	1,530	-

L (21) Theaekara, M.P., Supplement to Proc. 20th Annual Meeting of Inst. for Environmetal Sci., 21 (1974). "Data on incident Solar Radiation"

L (22) Small 10 kW Solar Power Plant (Technical Specification), AEG - Telefunken, Fachbereich Flugwesen und Sondertechnik, Raumfahrt, Neue Technologien, Wedel/holstein - Informationsschrift

L (23) 10 kWel Solar Power Station, Messerschmitt-Bölkow-Blohm GmbH, Informationsschrift

L (24) Künzel,M.: Ein Filter zur Beseitigung des Einwirkens vom Emissionskoeffizienten beim kontaktlosen Messen der Glastemperatur. (ATM) Archiv für technisches Messen, März 1970

L (25) Du Pont - Technical Information, Bulletin TD-5, Optical Properties Tedlar PVF Film

L (26) Matthöfer, H.: Forschung aktuell, Sonnenenergie II, Umschau Verlag Frankfurt/Main 1977

L (27) Meinel, A.B., an Meinel M.P.: Applied Solar Energy An Introduction, Addison-Wesley Publishing Company, London.Amsterdam. Don Mills, Ontario.Sydney, 1977

L I T E R A T U R Q U E L L E N

L (1) Esso Roth - Prospekt - Unterlagen

L (2) Forschungsausschreibung des Bundesministeriums für wirtschaftliche Zusammenarbeit am 22. April 1977 in der Zeitschrift "Die Zeit"

L (3) Schmidt, E.: Technische Thermodynamik, 7. Aufl., Berlin 1958

L (4) Zeuner, G.: Technische Thermodynamik, 3. Aufl., Leibzig 1905, Band 1, S. 277 - 372

L (5) Walker, G.: Generation in Stirling-Engines, The Engineer, Vol. 214 (1962) S. 1097 - 1103

L (6) Handbuch der Physik, Band 19, Springer Verlag 1928

L (7) Handbook of Chemistry and Physic, 55 edition, Robert C. Weest 1975 Ph.P

L (8) Prof. John A. Duffie, Prof. William A. Beckmann: Sonnenenergie, Thermische Prozesse, Udo Pfriemer Verlag München 1976, 1. Aufl.

L (9) Moon (1940) oder Thekaekara (1965)

L (10) M.A.N.: Solar-Energie, Prospekt - Unterlagen

L (11) Messerschmitt-Bölkow-Blohm GmbH, Solar-Power-Plant, Prospektunterlagen

L (12) Philips Research Laboratories, Eindhoven (Niederlande), Prospektunterlagen

L (13) R.J. Meijer, Mit Elektro-Wärmespeicher und Stirling-Motor - eine mechanische Antriebsalternative, Denkschrift 11/1969 Deutsche Forschungsgemeinschaft: Elektrospeicherfahrzeuge, S. 143 - 164

L (14) Chemie-Ing. -Techn. 41. Jahrg. 1969/Heft 1 + 2, Ein Wärmerohr neuer Bauart - das Gewinde-Arterienwärmerohr, Dipl.- Ing. K. Moritz, Grenzen des Energietransports in Wärmerohren, Dipl.- Ing. K. Moritz und Dr.-Ing. R. Pruschek

L (15) Oil und Gas Journal (25.12.1972)

L (16) Felix. Fremont. The Future of Energy Supply: The Long Haul. 1973

L (17) Weltenergie-Konferenz von 1968 (Bericht)

L (18) Die Energiewirtschaft der Volksrepublik China. Informationsschrift der Chin. - Bootschaft, 1973

L (19) World Energy Supplies. 1961 - 1970 UN Series J. No. 15

L (20) Schulze, R.: Strahlenklima der Erde, Dr. Dietrich Steinkopf Verlag